EXAMEN

DE LA

QUESTION AGRICOLE EN DOMBES

PAR

CH. PICHAT

DIRECTEUR DE L'ÉCOLE IMPÉRIALE D'AGRICULTURE DE LA SAULSAIE

ET

A. M. CASANOVA

PROFESSEUR A LA MÊME ÉCOLE

PARIS

LIBRAIRIE AGRICOLE DE LA MAISON RUSTIQUE

26, RUE JACOB, 26

1860

EXAMEN

DE LA

QUESTION AGRICOLE

EN DOMBES

PAR

CH. PICHAT
DIRECTEUR DE L'ÉCOLE IMPÉRIALE D'AGRICULTURE DE LA SAULSAIE

ET

A. M. CASANOVA
PROFESSEUR A LA MÊME ÉCOLE

PARIS
LIBRAIRIE AGRICOLE DE LA MAISON RUSTIQUE
26, RUE JACOB, 26

1860

EXAMEN

DE LA QUESTION AGRICOLE

EN DOMBES

> « Quand l'industrie de l'homme est d'accord avec la marche de la nature, celle-ci se charge d'une partie de l'ouvrage, et tous deux se rencontrent à mi-chemin. Le travail de la nature abrége celui de l'homme; il diminue les dépenses et augmente les recettes. »
>
> SCHWERZ.
>
> (*Manuel de l'Agriculteur commençant.*)

Il est peu de questions qui aient été l'objet d'études aussi nombreuses que celle de la Dombes. Tous les arguments pour ou contre les étangs semblent être épuisés, leur cause s'instruit et le jugement viendra bientôt.

Quoique nous soyons convaincu de l'utilité d'un dessèchement progressif, nous ne toucherons néanmoins en aucun point à la question d'administration publique concernant les moyens à employer pour l'obtenir. Nous regarderons ce dessèchement comme désirable en principe, et nous demanderons aux souvenirs de nos études et de nos observations :

Ce qu'est la Dombes dans son sol et dans son climat;

Quels sont les rapports du sol avec les engrais et les travaux (ces deux grands agents de la production agricole);

Quelle est l'influence de ce sol et de ce climat sur les plantes;

Ce que sont les étangs au point de vue purement agricole;

Quel est le meilleur système de culture à suivre;

Quelles sont, enfin, les conséquences économiques ou agricoles de la substitution d'un système nouveau à celui qui existe actuellement.

Ce côté de la question n'est pas de nature à passionner un débat; mais, traité avec des faits et des chiffres, résultat d'une observation consciencieuse, il peut mettre en relief, nous l'espérons toutefois, quelques faits, sinon nouveaux, du moins insuffisamment étudiés jusqu'à ce jour. Nous préférons aux émotions vives et presque toujours stériles de la polémique, les satisfactions que procure le silence de l'étude.

On a dit, on a écrit même, que la nature du sol de Dombes se prête aux plus riches cultures; que ce pays peut aspirer à tous les progrès que comportent les sols les mieux favorisés de la nature, et qu'aucune limite n'est imposée à sa production. De telles assertions, bien qu'erronées, ont sans doute un but honorable, en se promettant d'appeler les capitaux sur une contrée qui fait de si magnifiques promesses, et où la valeur moyenne des terres ne s'élève pas au-dessus de 600 francs l'hectare. L'honnêteté scientifique a cependant ses exigences, et l'amour même pour un pays ne saurait justifier de pareilles exagérations. N'est-il pas à craindre d'ailleurs qu'en provoquant par des exagérations d'autres exagérations en sens contraire on ne sème le doute, l'incertitude, la méfiance même, et que l'on arrive ainsi à un résultat opposé à celui que l'on voulait obtenir? Quant à nous, la vérité sera notre seul guide, sa recherche notre seule préoccupation, et, en reconnaissant les défauts du sol et du climat de la Dombes, nous parviendrons plus facilement à faire admettre ses qualités.

CHAPITRE PREMIER

Climat de la Dombes.

Avant d'entrer dans les détails que comporte l'examen du sol, disons quelques mots du climat de la Dombes, en prenant pour base les travaux de M. Pouriau. Par l'intelligence avec laquelle ces travaux ont été conçus, autant que par les soins qui ont présidé à leur exécution, ils peuvent fournir des éléments précieux pour une étude de cette nature.

Sous le rapport de la température, ce pays est incontestablement des moins favorisés, au double point de vue agricole et hygiénique.

Bien que la moyenne de température soit à la Saulsaie sensiblement égale à celle de Paris (10°), il n'en existe pas moins, entre ces deux climats, des différences très-grandes qu'il importe de faire ressortir.

Sous l'influence des vents du nord, le plateau de la Dombes est exposé à de fréquents refroidissements qui abaissent la température moyenne de l'hiver à 1°79, tandis que celle de Paris ne descend pas au-dessous de 2°30. Différence très-faible, sans doute, mais qui acquiert une grande importance, lorsque l'on considère la différence de la latitude de ces deux climats.

La température moyenne estivale est également plus élevée à la Saulsaie qu'à Paris de 1°50.

Ainsi, plus de chaleur en été, plus de froid en hiver, voilà ce qui distingue, au premier abord, le climat de la Dombes de celui de la capitale.

Chacun sait que les grandes masses d'eau tendent à régulariser les climats, on peut donc s'attendre à ce que le desséchement des étangs augmente, dans une proportion qu'on ne saurait calculer, le froid et la chaleur du climat de la Dombes.

Ces moyennes de température ont sans doute leur importance, mais les éléments qui les fournissent sont encore plus essentiels.

De même que les moyennes de l'année sont égales, bien que les moyennes hivernales et estivales soient différentes, de même aussi les températures de chaque mois, de chaque jour, diffèrent dans des limites bien plus grandes que ne pourrait le faire supposer la différence qui existe entre les températures d'une même saison pour les deux climats.

Moins de changements brusques, moins de passages rapides du froid à la chaleur, et, par conséquent, moins de gelées suivies de dégels, voilà une des différences les plus saillantes et les plus heureuses qui caractérisent le climat de Paris par rapport à celui de la Saulsaie.

Le passage du printemps à l'été se fait à Paris insensiblement, et les sécheresses sont lentes à venir. Ici, au contraire, le printemps est presque nul, et l'on peut dire que c'est l'été qui succède à l'hiver et la sécheresse à l'excessive humidité.

Les gelées printanières, si rares dans le climat de Paris, sont ici aussi intenses que fréquentes; c'est seulement à partir du mois de mai que l'on a la certitude d'en être à l'abri. Depuis que des observations sont faites à la Saulsaie (1850), il ne s'est pas passé une seule année sans que nous ayons éprouvé au moins une gelée du 28 mars au 8 mai. — En 1854, la température est descendue au-dessous de zéro, le 25, le 26 et le 27 avril.

En 1855, mêmes résultats le 25, le 24 et le 27 avril.

En 1857, mêmes résultats encore les 25, 26 et 27 avril.

En 1852, la température est descendue à 6 degrés le 21 avril.

Voilà donc non-seulement une gelée, mais une période de refroidissement, sur laquelle il faut compter une année sur deux. Elle est importante à noter, puisque nous verrons par la suite quelle influence fâcheuse elle exerce sur certaines plantes qui se trouvent ici, sous d'autres rapports, dans de bonnes conditions de réussite.

Il importe fort peu, au but que nous nous proposons, de rechercher les causes de ces faits. Les conséquences ont pour nous un intérêt autrement important. Nous signalerons cependant le voisinage des montagnes, et la fréquence des vents du nord. Ces derniers, qui soufflent cent soixante-six jours par an, et souvent avec une force effrayante, ne sont pas moins fâcheux pour la végétation, par le refroidissement qu'ils apportent, que par leur action mécanique et leur influence desséchante.

La différence entre les deux climats que nous comparons n'est pas moins grande au point de vue de l'équilibre qui doit exister entre la pluie et l'évaporation que sous le rapport de la température.

A la Saulsaie, il y a cent sept jours de pluie fournissant $0^m.85$ d'eau. A Paris, au contraire, il n'y a que $0^m.57$ de pluie, mais ils sont fournis en cent cinquante-sept jours.

Pour l'eau comme pour la température, les moyennes importent moins que les éléments qui les fournissent, et la manière dont les eaux sont réparties a une signification bien autrement importante que leur volume. Les grandes pluies sont nuisibles plus qu'elles ne sont utiles en agriculture. Lorsque le sol est saturé, l'eau qui tombe ne sert qu'à laver la terre et à entretenir dans son sein une excessive humidité. Sous ce rapport, le climat le plus favorisé serait celui où les pluies seraient aussi fréquentes que peu abondantes ; celui, en un mot, où l'évaporation marcherait toujours de pair avec l'eau fournie par les pluies.

A la Saulsaie, la moitié de l'eau tombe dans quatre mois seulement et à Paris dans cinq mois et demi.

Quant à l'évaporation, tandis qu'elle s'équilibre presque mois par mois avec la pluie dans le climat de Paris, elle est tantôt trop forte et tantôt trop faible, au contraire, par rapport à l'eau tombée dans le climat de la Saulsaie.

Voici d'ailleurs un tableau qui donnera une idée exacte des deux climats au point de vue de la bonne ou mauvaise répartition des eaux pluviales.

MOIS.	QUANTITÉ DE PLUIE TOMBÉE	
	A PARIS.	A LA SAULSAIE.
	mm.	
Octobre	37.1	113
Novembre	46.9	71
Décembre	37.6	47
Janvier	37.9	35
Février	40 9	40
Mars	27.5	27
Avril	53.2	54
Mai	60.0	120
Juin	61.4	106
Juillet	59.1	68
Août	51.4	103
Septembre	50.5	66
TOTAL	560.5	850

CHAPITRE II

Le Sol.

Les sols de la Dombes, ainsi que cela résulte des études de M. Pouriau, peuvent être considérés comme ayant une composition presque identique sur tous les points de ce vaste territoire qui ne comporte pas moins de 100,000 hectares. Le sous-sol a sensiblement la même composition que le sol.

L'analyse mécanique accuse 90 pour 100 de matières ténues et 10 pour 100 seulement de sable et de graviers, le plus souvent en égales proportions.

D'un autre côté, l'analyse chimique montre en moyenne la composition suivante sur presque tous les points du pays :

Silice.	84,40
Alumine.	8, »
Fer.	5,80
Carbonate de chaux.	»,70
Carbonate de magnésie	1,04
TOTAL. . . .	100,00

Il ressort de cette composition du sol un fait important et dont on n'a pas tenu un compte suffisant, lorsque l'on a écrit sur la Dombes. Nous voulons parler de l'énorme proportion de silice que ces terres renferment et des propriétés physiques, chimiques et agricoles qui en sont la conséquence. Cette silice se trouve d'ailleurs dans le sol à un état de finesse extrême, qui la rend imperméable et lui donne, sous quelques rapports, les propriétés fâcheuses de l'argile tout en lui conservant les défauts du sable.

En étudiant le climat du pays, nous avons vu qu'il tombait une quantité considérable de pluie et que, de plus, elle était fort mal répartie. Si à cette circonstance, déjà très-défavorable, nous ajoutons que la terre absorbe, comme toutes les terres essentiellement sablonneuses, une quantité très-faible d'eau, qui est en moyenne de 31 pour 100; le sable pur en absorbe 25; qu'elle ne s'en laisse pas pénétrer et que, de plus, elle se laisse entraîner par les eaux avec une extrême facilité, nous aurons indiqué la principale raison d'être des étangs et de la fertilité dont ils jouissent, sans être jamais l'objet d'une fumure. L'eau, en effet, n'entraîne pas seulement avec elle l'argile et la silice très-fine, mais encore une grande quantité de matières organiques, pour lesquelles le sable a une médiocre affinité.

L'imperméabilité du sol et du sous-sol, jointe à la faible quantité d'eau qu'ils absorbent, est le caractère le plus saillant des terres du pays et l'obstacle le plus sérieux, peut-être, à une culture riche et variée. La moindre pluie étant suffisante pour saturer la terre, et l'équilibre d'humidité s'établissant lentement entre les diverses couches du sol, il en résulte, pendant l'hiver, une humidité constante à la surface. La couche supérieure, étant d'ailleurs ameublie par la culture et plus riche en matières organiques, est constamment gorgée d'eau. Cette circonstance donne lieu à un phénomène très-important que l'on peut remarquer dans ce moment même (5 mars 1860) sur beaucoup de plantes et particulièrement sur le trèfle.

Lorsqu'une gelée arrive sur une terre *ordinaire* (je nomme ainsi celle qui est perméable et qui renferme une égale quantité d'eau dans toutes ses parties), cette terre subit une dilatation, un soulèvement uniforme dans toute la profondeur atteinte par la gelée, et les racines des plantes sont peu tiraillées. Dans les sols de Dombes, au contraire, la couche superficielle seule se soulève, en raison de la quantité considérable d'eau qu'elle renferme, et entraîne dans ce mouvement la plante, dont la racine se trouve arrachée. Au moment du dégel, la terre s'affaisse et la racine reste déchaussée. Ce résultat se produit en ce moment. Beaucoup de pieds de trèfle périssent déjà, non par le fait de l'intensité des froids, mais bien par l'action mécanique, pour ainsi dire, des gelées. Si l'on essaye même de tirer quelques plants qui paraissent prospères, on est étonné de la facilité avec laquelle on peut les arracher.

La difficulté avec laquelle l'eau circule dans le sol est un obstacle à l'aération de ce sol et ajoute, par conséquent, un inconvénient de plus à ceux que nous venons de signaler. Les fumiers, placés, pour ainsi dire, à l'abri de l'air, se décomposent lentement et ne fournissent aux plantes qu'une nourriture insuffisante. Les engrais verts y sont sans effets apparents tant leur décomposition est lente.

Les mêmes causes produisent pendant l'été des effets opposés et non moins fâcheux que ceux que nous venons de signaler. La lenteur avec laquelle la terre absorbe l'eau, son point de saturation peu élevé, et enfin l'abondance des pluies, sont autant de causes qui envoient dans les raies d'écoulement et de là à la rivière, une fraction notable de l'eau qui tombe, au lieu de la faire servir aux besoins des plantes. L'humidité même dont la couche superficielle du sol s'imprègne, pénétrant lentement dans les couches sous-jacentes, est en grande partie évaporée par la chaleur naturelle du climat et les vents desséchants du nord qui sont ici aussi intenses que fréquents. Plusieurs causes viennent donc se réunir pour faire du sol de la Dombes un sol humide en hiver et sec en été :

L'imperméabilité du sol et du sous-sol;

Le point de saturation peu élevé de la terre;

La lenteur avec laquelle le sol absorbe la faible quantité d'humidité qu'elle peut s'incorporer;

La mauvaise répartition des eaux pluviales;

La sécheresse naturelle du climat ;

Enfin la fréquence et l'intensité des vents desséchants du nord, voilà les causes qu'il nous a paru le plus utile de signaler.

Ces quelques considérations sont déjà fécondes en conséquences agricoles ; mais, avant de les déduire, nous voulons continuer l'étude du sol à divers points de vue.

Chacun sait que le sable absorbe lentement la chaleur, et, comme tous les corps qui jouissent de cette propriété, il la conserve longtemps et en accumule pendant l'été une quantité considérable. Cette accumulation de chaleur, sous un climat où la sécheresse et la chaleur de l'été sont si grandes, est funeste à toutes les plantes, mais particulièrement à celles qui, comme les racines et les tubercules, passent l'été dans le sol. Les semailles hâtives de printemps souffrent des froids tardifs et de la lenteur de la végétation résultant de l'humidité du sol et de la difficulté avec laquelle il absorbe la chaleur. Les semailles tardives sont surprises par les sécheresses, et leur réussite est toujours un fait exceptionnel.

La finesse excessive de la silice produit un singulier effet après une pluie suivie de quelques coups de soleil. L'action mécanique de l'eau rapproche les unes des autres, en les tassant, les particules terreuses très-fines de ces sols; ces particules, à cause même de leur finesse, se juxtaposent à côté les unes des autres, et se serrent si bien, que la surface, en se séchant, forme une couche très-mince et très-dure qui serre et étrangle les plantes au collet, empêche la pénétration de l'air dans le sol, et ralentit, par cela même, la germination des graines et la décomposition des matières organiques. L'emploi du rouleau, si utile pour la germination des graines et pour diminuer au printemps l'évaporation en diminuant les surfaces exposées à l'air, augmente souvent les chances de ces fâcheux effets.

Lorsque les propriétés dont nous venons de parler se rencontrent dans un climat tempéré où les pluies sont à la fois légères et fréquentes, on peut espérer de bonnes récoltes du sol qui les possède; mais dans un climat comme celui de la Dombes, qui semble fait exprès pour aller à l'encontre des propriétés de la terre, il est évident que l'illusion est impossible, et que la variété des cultures, ainsi que nous le verrons bientôt, doit avoir des limites très-resserrées.

A côté de la silice très-fine, qui donne à la terre de la Dombes toutes les propriétés physiques dont elle jouit, se trouvent, en faible quantité, du fer et de l'albumine dont la présence heureuse, sous certains rapports, nuit aux *améliorations rapides*, les seules possibles cependant, avec les systèmes de fermage ou de métayage actuellement appliqués en Dombes.

De faits très-nombreux observés par la pratique, il résulte que les fumures après défoncement sont de nul effet si elles ne sont pas très-fortes. L'alumine et le fer en effet, mis par le défoncement en contact avec les engrais du sol, forment avec ces derniers de véritables *laques* que l'action du temps, de l'eau et de l'air ne détruit qu'à la longue, pour mettre à la disposition des plantes les produits de leur décomposition. C'est la richesse incorporée au sol par cette action que M. de Gasparin nomme *capital dormant*, par opposition avec le capital *circulant*, dont la transformation en produits vendables est rapide et incessante. Nous sommes loin de tirer de ce fait une conclusion contraire aux défoncements, dont l'efficacité est incontestable; mais nous avons cru devoir le faire ressortir, pour montrer que l'utilité de cette opération, ou tout au moins son opportunité, est subordonnée à la quantité de fumiers que l'on possède. On nous dira peut-être que l'on peut défoncer sans opérer le mélange du sol et du sous-sol, et éviter par conséquent la formation du *capital dormant*. Nous répondrons que les eaux pluviales entraînent avec elles une certaine quantité de fumiers jusqu'à la partie inférieure de la couche défoncée, et que d'ailleurs si, par ce mode de défoncement, on a réellement diminué la formation des laques en question, on a également diminué les bons effets du travail exécuté. La première condition de durée d'un défoncement, en effet, c'est l'amélioration du sous-sol et son mélange avec une certaine quantité de matière organique ou engrais qui joue le rôle de diviseur et empêche les molécules terreuses de se rapprocher, de se juxtaposer exactement à côté les unes des autres. Cette vérité, qui s'applique à toutes les terres, a bien plus de force encore pour celles de la Dombes, dont les éléments, très-légers et très-fins, comblent promptement, en se laissant entraîner par les eaux, les interstices opérés par les défoncements.

Personne ne conteste aujourd'hui l'utilité du drainage en Dombes; mais on est également d'accord pour reconnaître qu'il est d'un effet souvent douteux, s'il n'est pas suivi d'un défoncement et d'un chaulage. On serait encore plus dans la vérité si à ces deux conditions on ajoutait celle d'*une très-forte fumure.*

En continuant l'examen des éléments constituants du sol de la Dombes, nous trouvons le calcaire à l'état de carbonate de chaux ou de magnésie. Ces deux sels, qui jouent dans la végétation un rôle à peu près semblable, entrent dans la composition du sol pour une quantité insignifiante (1,04 pour 100 de carbonate de magnésie et 0,70 pour 100 de carbonate de chaux), et encore le carbonate de chaux doit-il être attribué, en partie du moins, aux chaulages que l'on a exécutés. Les résultats fournis par cinquante analyses exécutées par M. Pouriau ont conduit notre savant collègue à classer les terres du pays en terres calcaires et terres non calcaires. Si l'on examine les deux séries qui résultent de cette classification et qu'on les compare avec les faits, on arrive à cette conclusion que la *fertilité connue* de la terre, est en rapport avec la quantité de calcaire qu'elle renferme. On reconnaît de plus que les terres calcaires entourent la Dombes proprement dite et ne s'y rencontrent que très-exceptionnellement, et comme une réponse aux personnes qui, trop disposées à généraliser des faits rares et isolés, se demandent pourquoi la Dombes n'offrirait pas partout une agriculture aussi prospère que celle que l'on remarque sur quelques points malheureusement trop rares. Tant il est vrai que nous sommes toujours disposés à nous attribuer ce qui n'est que le résultat des circonstances naturelles. Sur ces points très-rares dont nous parlons, l'homme a compris la nature et a su en profiter : tout son mérite est là.

Lorsque le drainage a été recommandé en France, on a conçu de lui de grandes espérances pour la Dombes. Quelques essais ont été faits avec un succès qu'on ne saurait contester; mais l'espoir de rendre les terres de ce pays aussi bonnes que celles que l'on trouve dans les vallées environnantes a été une illusion qui devait disparaître. On supposait, en effet, que la composition du sol était identique dans les deux cas et que la seule différence résidait dans la nature du sous-sol sur lequel la terre arable était posée, caillouteuse et perméable dans les vallées, à éléments très-fins et imperméables dans la Dombes. Le drainage devait faire disparaître cette inégalité et amener l'équilibre dans la valeur des deux sols. Les faits font justice de ces prévisions, et les analyses physiques et chimiques de M. Pouriau donnent à ces faits la consécration de la science.

En nous y reportant, nous voyons, en effet, que l'on peut admettre d'une manière générale que tous les sols de Dombes, situés à une altitude supérieure à 260 mètres environ, ne renferment qu'une proportion de calcaire à peu près insignifiante, tandis que, si l'on descend de ce plateau vers le Rhône et la Saône, aussitôt que l'on dépasse cette altitude, le principe calcaire commence à apparaître et va en augmentant de plus en plus. On peut constater en même temps une différence analogue dans la grosseur des éléments constitutifs des sols.

L'absence, ou, pour être plus juste, l'insuffisance du calcaire dans les terres de la Dombes, n'est pas sans remède, mais il n'en est pas de même du mode de formation qui a donné lieu aux terres qui ne renferment pas cet élément.

Pourquoi deux terres qui, au premier abord, ne paraissent différer que par la dose de calcaire, ne sont-elles pas également fertiles lorsque, par un chaulage, on en rend la composition absolument identique? C'est qu'il ne suffit pas d'introduire de la chaux dans un sol pour communiquer à ce sol toutes les propriétés physiques qui peuvent le rendre fertile.

Si la chaux est impuissante pour former en Dombes des terres d'excellente nature, elle n'en a pas moins des effets remarquablement heureux. Depuis son emploi, le blé a généralement remplacé le seigle, et les plantes fourragères, toutes éventuelles qu'elles soient, le trèfle, par exemple, sont cultivées, sinon avec un grand succès, du moins avec un certain avantage.

L'usage de la chaux dans un pays où cet élément était autrefois inconnu devait amener à l'abus de son emploi. C'est ce qui est arrivé sur quelques points du pays. *La chaux*, disent les Allemands, *enrichit le père et ruine les enfants.* En effet, cet amendement agit en rendant solubles et assimilables les matières organiques que le sol renferme. De cette propriété il découle, sans doute, une augmentation de récolte, mais parallèlement et comme une fâcheuse compensation, il en résulte aussi l'appauvrissement du sol, si de nouveaux engrais ne viennent remplacer la richesse transformée en récoltes par le fait de la chaux.

En permettant la culture du trèfle, la chaux a apporté avec elle le remède au mal que nous venons de signaler; mais hâtons-nous de dire cependant que la réussite de cette plante n'est pas suffisamment assurée pour que, dans bien des cas, l'amélioration qui peut en résulter soit en rapport avec l'épuisement occasionné par l'abus de la chaux pour la culture des céréales. Si, au lieu de continuer à suivre le système biennal, jachère, blé, on eût introduit en Dombes, avec l'amendement calcaire, un système pacager exigeant moins de travail et produisant plus d'engrais que le système généralement employé, l'usage de la chaux n'eût été qu'un bienfait et la cause, en même temps que l'occasion, d'un progrès immense dans la transformation du pays.

Même dans les conditions où on l'a employée, la chaux n'en a pas moins rendu au pays un véritable service. Elle n'a pas pu agir sans épuiser la matière organique; elle n'a pu rendre moins fins, et, par conséquent, perméables, les éléments siliceux que le sol renferme; elle n'a pu transformer le climat ni assurer la complète réussite des légumineuses fourragères, mais elle a joué son rôle de dissolvant de la matière organique et d'élément indispensable à la constitution des végétaux. Une augmentation des revenus du propriétaire et des profits du cultivateur, en même temps qu'une amélioration apportée dans les conditions d'existence de ces derniers, voilà les heureuses conséquences de son emploi.

CHAPITRE III

Travaux et Engrais.

L'étude du sol serait incomplète si nous ne l'examinions dans ses rapports avec les deux agents principaux de l'industrie agricole : les engrais et les travaux.

Sous le rapport de sa richesse naturelle, on peut diviser le sol de la Dombes en *fonds d'étangs* et en terres qui les dominent. Les premiers sont généralement riches en matières organiques et peuvent fournir, sans engrais, une récolte de 25 hectolitres d'avoine en moyenne, tous les trois ans, après deux années d'eau. Les secondes, soumises à l'assolement biennal, jachère, blé, donnent en moyenne 11 ou 12 hectolitres de blé par hectare. Ces rendements pourront, mieux qu'une longue dissertation, donner une idée de la richesse du sol.

Dans les étangs et les terres, il y a des parties plus favorisées que d'autres, sous le rapport de la richesse naturelle. Dans les premiers, par exemple, la fertilité va en décroissant de la partie inférieure à la circonférence, c'est-à-dire qu'elle est en rapport avec l'épaisseur de la couche d'eau que la terre supporte.

Les bords des étangs, cette zone qui est alternativement couverte et découverte d'eau, est particulièrement pauvre. Les divers mouvements de l'eau, en entraînant constamment vers la pente les matières organiques qui sont les plus légères, contribuent sans doute à ce résulat ; mais la présence et l'absence alternative de l'eau, qui équivaut à de nombreux arrosages, favorise la fermentation des matières organiques et la déperdition des principes fertilisants qui en proviennent.

On trouve des parties de cette zone qui, par leur stérilité, sont impropres à la culture arable. Dans ces parties heureusement très-rares, ainsi que dans quelques-unes des terres supérieures, la culture forestière devra remplacer la culture arable.

La terre de Dombes ne saurait être comparée aux terres siliceuses ordinaires, relativement à la manière dont elle se comporte avec les engrais. En général, les dernières donnent accès à l'air et à l'humidité, se réchauffent facilement au printemps et réunissent, par conséquent, autour des engrais, les trois éléments indispensables à toute fermentation, air, chaleur et humidité sans excès. Dans les terres de la Dombes, au contraire, l'air fait presque constamment défaut; la chaleur y manque au printemps et l'humidité y est tantôt trop forte et tantôt insuffisante pour favoriser la fermentation. Peut-on conclure de là que les fumiers les plus décomposés, et particulièrement les engrais pulvérulents, doivent être préférés aux engrais frais et pailleux? Non, les faits nous montrent le contraire.

Les fumiers frais et pailleux réussissent en Dombes mieux que ceux déjà avancés dans leur décomposition. Cela tient, pensons-nous, à des causes purement mécaniques.

Le fumier pailleux soulève le sol, le rend plus accessible à l'eau et à l'air, et agit ainsi comme amendement, tout en apportant autant de matière fertilisante que l'engrais décomposé. Il se répartit mieux, occupe plus de volume dans le sol en même temps qu'il y est plus divisé. Chacune de ses parties peut profiter de la faible quantité d'air qui se trouve dans la terre, et sa décomposition, de même que son assimilation par les plantes, est plus facile.

Quant aux engrais pulvérulents, les tourteaux [1] seuls ont produit, à la Saulsaie, des effets à peine suffisants pour justifier leur emploi. Le guano même n'a jamais donné des résultats

[1] Dans un pays d'élevage comme la Dombes, il est avantageux d'employer les tourteaux à la nourriture des animaux, comme cela se fait ordinairement à la Saulsaie, plutôt que directement comme engrais.

qui soient en rapport avec son prix élevé, surtout dans les années de sécheresse, qui sont ici la règle et non l'exception. Peut-être trouverait-on dans les propriétés du sol et la nature du climat la raison de la non-réussite de cet engrais, mais le fait a plus d'importance que son explication, et les dissertations théoriques pourraient faire perdre de vue le but que nous nous proposons. Ce n'est pas là d'ailleurs un fait isolé; chacun sait que les engrais pulvérulents et très-animalisés, comme le guano, produisent surtout de bons effets dans les pays où les printemps sont longs et la végétation lente et continue. Un fait économique, au surplus, exclut ces sortes d'engrais de ce pays. Comme toutes les matières dont la production n'est pas illimitée, le guano augmentera de valeur, et cette augmentation n'aura d'autre limite que le prix le plus élevé auquel pourraient le payer les cultivateurs les mieux favorisés sous le rapport du voisinage et du climat; les terres où son emploi aura les meilleures chances de réussite, et enfin les cultures dont le bénéfice résulte de l'élévation du produit brut, plus que du prix et de la rareté du travail. Les faits d'ailleurs confirment ces déductions économiques, puisque le prix du guano a presque doublé depuis son introduction, et que les plus grands dépôts de cet engrais sont justement dans les ports qui avoisinent le nord-ouest de la France, c'est-à-dire le pays qui, par son climat et ses riches cultures, est en mesure de le payer aux prix les plus élevés.

Quatre raisons, appartenant à deux ordres différents, contribuent à faire du terrain de la Dombes un assez bon conservateur d'engrais comparativement aux terres légères; ce sont: son imperméabilité à l'eau et le peu d'air qu'il renferme d'une part, la présence de l'alumine et du fer de l'autre. Sous ce rapport, le sol de la Dombes est moins défavorable à la culture que les terres sablonneuses à gros fragments. Un fermier avide ou inhabile les épuise lentement, et le propriétaire trouve, dans cette faculté du sol, une espèce de compensation à sa mauvaise nature.

Peut-être est venu le moment d'insister sur un point important que nous avons déjà touché à deux reprises différentes. C'est la nécessité d'incorporer dans le sol beaucoup d'engrais, non-seulement pour subvenir à l'alimentation végétale, mais encore pour agir sur les propriétés physiques. Le mélange de la matière organique est indispensable pour diminuer la cohésion des molécules terreuses et faciliter ainsi la circulation de l'eau et de l'air. Il est indispensable aussi pour donner à la terre les propriétés hygroscopiques si avantageuses, pour garantir les récoltes contre les sécheresses de l'été.

Nous ne pouvons terminer ce sujet sans parler des engrais des villes. Dire que ces substances ne pourront être d'aucune utilité, ce serait, sans doute, faire une exagération; mais compter sur elles autrement que d'une manière très-exceptionnelle, ce serait également se faire d'étranges illusions aboutissant, à n'en pas douter, à la ruine d'un système basé sur des ressources aussi précaires. Lyon seul peut fournir des engrais; mais qui ne sait que cette grande ville est entourée de cultures maraîchères et de vignobles atteignant une valeur foncière très-élevée, et pour lesquels l'engrais de ville est une nécessité absolue? Ne s'ensuit-il pas par conséquent que la Dombes ne saurait leur faire concurrence?

D'ailleurs, ce pays n'est pas aux portes de Lyon, mais à 35 kilomètres au moins en partant de son centre, et, si l'on ajoute au prix actuel des fumiers à Lyon les frais de transport, on reste facilement convaincu que la Dombes ne saurait compter sur une pareille ressource. Montluel, par exemple, qui est à 20 kilomètres de Lyon, sur le chemin de fer de Genève, est un des points par lesquels le fumier arriverait à Dombes. Or le fumier vaut à Montluel 12 à 14 francs les 1,000 kilogrammes, et ce prix s'établit sous l'influence du marché de Lyon, qui est un des principaux fournisseurs. Que l'on ajoute donc à ce prix les frais de transport, les frais de chargement et de déchargement, et l'on aura une fois de plus la preuve que les fumiers de Lyon ne sauraient être, pour la Dombes, d'une utilité sérieuse. Le jour où ce pays se présentera sérieusement sur le marché des engrais de Lyon, ses demandes d'ailleurs auront immédiatement pour résultat de les faire monter à un prix où l'espoir même de pouvoir en profiter ne lui sera plus permis.

Ainsi pas d'illusions, pas plus sur les engrais extérieurs que sur le climat et le sol. La Dombes doit compter sur les engrais qu'elle peut produire, et rien de plus. Ce n'est pas à dire pour cela, encore une fois, que dans quelques cas exceptionnels on ne trouvera pas la possibilité d'employer les engrais de ville, le guano, et à plus forte raison les tourteaux; mais ces prévisions sont trop incertaines pour justifier les calculs dont elles fourniraient les bases.

On a dit que les terres de la Dombes sont désoxygénées. C'est vrai. La quantité considérable d'oxyde de fer qu'elles renferment, en passant à l'état de peroxyde, tend constamment à absorber le peu d'oxygène que le sol admet dans son sein. On trouve dans ce fait la raison d'être de la jachère biennale appliquée en Dombes, et l'explication des bons effets qu'elle y produit. L'aération du sol, encore plus que son ameublissement et la destruction des mauvaises herbes, est le but que les cultivateurs se proposent d'obtenir par la jachère. Cette opération y est du reste parfaitement entendue et exécutée par des *binotages* successifs qui facilitent, plus que les labours ordinaires, l'aération du sol. La terre de la Dombes conserve d'ailleurs, pendant l'été, c'est-à-dire au moment des travaux de jachère, une grande facilité pour pouvoir être travaillée, surtout si elle a été bien prise au printemps et même en hiver. Contrairement aux terres argileuses, les mottes formées par des labours intempestifs se brisent assez facilement par l'action combinée de la herse et des alternatives de chaleur et d'humidité. Ce sont là autant de circonstances heureuses qui garantissent pour ainsi dire une bonne préparation du sol pour les semailles d'automne. Si l'on ajoute que cette saison, soit par la lenteur avec laquelle la terre se refroidit, soit par la répartition favorable de l'eau, au moins jusqu'au 1er octobre, est de toutes la plus favorable à la végétation, on comprendra comment le blé peut donner d'assez bons produits, malgré les circonstances défavorables qui l'éprouvent en hiver, au printemps et en été.

L'automne est ici la saison providentielle; les semis, prés, blé, etc., y manquent rarement, et l'hiver les trouve presque toujours en état de résister à ses rigueurs, pourvu qu'ils aient bien levé avant les fortes pluies qui arrivent en octobre. Ces pluies marquent la limite au delà de laquelle les semis ne sauraient avoir lieu. Ceux même qui les précèdent immédiatement sont souvent compromis dans leur levée par cette croûte dure qui se forme à la surface du sol après les pluies, et dont nous avons parlé dans un autre chapitre.

L'hiver et le printemps sont peu favorables aux travaux du sol. La dernière saison surtout, qui, sous bien des rapports, est une des plus mauvaises dans ce pays, permet rarement une bonne préparation de la terre, dont l'ameublissement se trouve presque complétement détruit par une pluie, si elle arrive peu de jours après le labour. Ailleurs, une pluie survenant immédiatement après les semis est un bienfait du ciel; ici c'est un fléau si elle arrive avant la levée de la graine, dont la germination se trouve alors compromise par la formation de cette même croûte, dont nous parlons souvent, parce que souvent aussi nous éprouvons sa fâcheuse influence.

CHAPITRE IV

Les Plantes.

Quoique sommaire, l'étude que nous venons de faire du climat et du sol de la Dombes peut nous fournir de nombreuses données pour expliquer les raisons d'être de la culture actuelle, et nous amener à la détermination des plantes qui peuvent y être cultivées le plus avantageusement, et, comme une conséquence immédiate, au choix du meilleur système à substituer à celui qui existe aujourd'hui.

« Les Grecs, dit M. de Gasparin, suivaient l'assolement biennal : 1° jachère, 2° blé, qui est encore celui de tous les pays du midi de l'Europe. Xénophon, dans ses *Économiques,* décrit cette culture avec détail et précision, comme s'il avait sous les yeux la pratique habituelle de nos métayers ; il n'y a rien à retrancher ni à ajouter à ses tableaux. C'est que la nature n'a pas changé, et que, telles circonstances données, il y a un système de culture qui s'y adapte et qui donne le plus grand produit net possible. » Après avoir démontré par des textes combien les Romains possédaient de bons principes agricoles, M. de Gasparin ajoute : « Les principes des Romains se conservèrent sans doute dans les parties de l'Europe qui furent le moins désolées par l'invasion des barbares. On trouve au moyen âge, dans la Provence et le Languedoc, l'assolement biennal suivi sans discontinuité : blé alternant avec jachère. Le plateau central des Gaules conservait les pratiques celtiques du repos prolongé de la terre après plusieurs récoltes successives obtenues avec ou sans écobuage ; pratiques qui sont le plus profitables dans les pays où la population est rare, la rente presque nulle, et que nous retrouvons dans le nord de l'Afrique.

« Le Nord, profitant de la faveur d'un climat qui lui accordait des printemps assez pluvieux pour y assurer le succès des semis faits dans cette saison, n'avait plus qu'une jachère tous les trois ans, suivie d'un blé, puis d'une récolte d'avoine ou d'orge. » (*Cours d'Agriculture*, t. V, p. 6 et 9.)

C'est ce système biennal décrit par Xénophon qui est encore employé en Dombes, et, si ce pays n'a pas comme ceux du nord de la Gaule une jachère seulement tous les trois ans, c'est, comme le dit M. de Gasparin, » qu'il ne jouit pas de la faveur d'un climat qui lui accorde des printemps assez pluvieux pour y assurer le succès des semis faits dans cette saison. » Cependant, si l'on se reporte aux résultats des observations climatériques faites à la Saulsaie, on voit que la pluie est abondante au printemps ; mais, encore une fois, les quantités et les moyennes, lorsqu'il s'agit de météorologie, donnent d'un climat une idée incomplète, fausse même quelquefois. C'est la manière dont la chaleur et la pluie sont réparties qu'il faut surtout considérer, et cette répartition est ici on ne peut plus mauvaise. Il y a d'ailleurs au printemps deux périodes, qu'il importe de bien distinguer : la première d'humidité et de froid, pendant laquelle les travaux sont difficiles et la végétation lente et presque nulle ; la seconde, de chaleurs instantanées suivies bientôt de sécheresses. Assez souvent cependant, une grande quantité d'eau tombe en mai et juin ; mais il est à remarquer que cette eau est fournie par des pluies rares et abondantes, circonstances qui, jointes à la lenteur avec laquelle la terre absorbe le peu d'humidité nécessaire à sa saturation, font de ces pluies le contingent des ruisseaux autant que celui des plantes. Les étangs seuls, grâce à leur position dans le fond des vallées et à leur sol généralement plus profond que celui des terres arables, peuvent fournir avantageusement de l'avoine de printemps ; et encore le produit de cette céréale, ainsi que sa qualité inférieure, se ressentent-ils de l'influence fâcheuse du climat. En tenant compte seulement des conditions de fertilité, ce ne serait pas seulement sur un produit de 25 hectolitres que l'on serait en droit de compter, mais sur un produit bien supérieur.

Mais, si la culture de l'avoine de printemps est si chanceuse, que faut-il penser de celle des plantes fourragères que l'on sème à la même époque ? que faut-il penser surtout de celle des plantes racines ou tuberculeuses? Parmi ces dernières on peut, économiquement parlant, considérer la betterave comme étant d'une production impossible. Ce n'est pas là seulement une affirmation *a priori* résultant de déductions scientifiques, c'est le résultat d'une longue observation, c'est l'inexorable logique des faits, que la science se borne à expliquer. On peut en dire autant des autres racines, et si quelques réserves doivent être faites, c'est en faveur de la carotte et des raves d'automne. La première de ces plantes peut être semée tardivement, elle ne végète pas pendant les grandes sécheresses de l'été, mais elle y résiste et végète vigoureusement aussitôt après les pluies d'automne.

Malheureusement, après ces pluies, il arrive rarement des temps assez secs pour permettre l'arrachage, et, si les gelées surviennent avant cette opération et lorsque le sol est gorgé d'humidité, la partie inférieure des racines s'altère et leur conservation devient difficile.

Il est inutile de faire remarquer que la carotte est une plante très-exigeante, aussi bien sous le rapport de la fertilité du sol que des soins que demande sa culture, et qu'en parlant de sa réussite nous la supposons placée dans des conditions qu'elle ne rencontre actuellement en Dombes que dans les *verchères*. Quant aux raves d'automne, que l'on cultive comme récolte dérobée, on peut en obtenir assez facilement 8 à 10,000 kilogrammes à l'hectare, en les plaçant dans de bonnes conditions, et si l'on a le bonheur de trouver, après la moisson, un moment favorable pour effectuer leurs semis.

La culture de la pomme de terre ne pourra jamais prendre en Dombes un grand développement, et c'est tout au plus si elle peut suffire, un jour, à la consommation du pays. Elle a, comme les plantes racines, à lutter contre les sécheresses de l'été sans avoir, à cause de sa maturité précoce, les chances de végétation que présente l'automne. Quant au topinambour, il laisse concevoir quelques espérances, mais les faits sont trop peu nombreux, jusqu'à présent, pour que l'on puisse se prononcer sans réserve.

Parmi les plantes fourragères que l'on sème au printemps, nous n'en connaissons qu'une dont la récolte soit sûre; c'est le sorgho sucré. Il résiste aux plus fortes sécheresses, mais il est indispensable qu'il soit traité comme une plante sarclée sous le rapport des travaux, et, quant au fumier, aucune plante n'est aussi exigeante que lui. C'est la plante de la culture *améliorée* et non de la culture *améliorante*, et si, dans la position actuelle de la Dombes, il est permis de réserver au sorgho un coin privilégié, c'est qu'il possède, entre autres avantages, celui de venir à une époque où tous les autres fourrages verts ont cessé de contribuer à l'alimentation des animaux.

Les vesces tardives de printemps sont absolument impossibles, et quant à celles que l'on sèmerait en mars et même en février, elles peuvent réussir assez bien, mais ce n'est pas suffisant pour une plante dont la graine nécessaire pour l'ensemencement d'un hectare coûte 60 fr. La même réserve doit être faite pour les vesces d'hiver, dont les produits, même dans les terres pouvant donner 15 hectares de blé par hectare, ne s'élèvent pas au-dessus de 15,000 kil. en vert. Et du trèfle, que pouvons-nous en dire, après avoir vu dans une autre partie de ce travail avec quelle facilité il se déchausse? après avoir vu surtout combien peu de succès compte sa culture? Sans doute cette plante est une ressource sérieuse, parce qu'un résultat infructueux ne compromet après tout que quelques kilogrammes de graine; mais qu'elle est loin d'approcher même des produits qu'elle fournit dans d'autres pays mieux favorisés par le sol et le climat! Faut-il parler de la luzerne et du sainfoin, dont la culture est tout à fait impossible, même dans les terres drainées et parfaitement fumées? Faut-il aussi parler du maïs, qui, comme fourrage vert, est très-éventuel et très-exigeant, et, comme graine, ne trouve qu'exceptionnellement, dans ce pays, une chaleur suffisante pour pouvoir y mûrir?

Parmi les plantes industrielles, deux seulement, le colza et la navette d'hiver, méritent d'être discutées. Leur végétation est généralement assez bonne, mais malheureusement les froids tardifs, ainsi que la période de refroidissement de la fin d'avril, dont nous avons parlé en étudiant le climat, coïncident avec leur floraison et compromettent la récolte, au moment où l'on se croirait presque en droit de compter sur elle. Le colza, plus que la navette, est exposé à ces accidents, sa floraison étant plus tardive; il est également plus exposé au vent à cause de la facilité avec laquelle il s'égrène.

Il nous reste à examiner deux productions importantes, les céréales d'automne et les prairies naturelles et les pâturages.

Le blé est cultivé en Dombes avec un succès relatif, et le rendement qu'il fournit y est environ de 11 à 12 hectolitres par hectare. Cependant le grain y est souvent maigre et mal venu à cause des hâles qui forcent en été sa maturité, au point que l'on considère qu'il est d'excellente qualité, quand il pèse 73 ou 74 kilogrammes l'hectolitre. Si l'on cherche les causes de la réussite passable du blé, on les trouve dans la bonne préparation de la jachère d'une part, et, de l'autre, dans la réussite presque constante des semailles hâtives.

Les prés sont également éprouvés par les sécheresses de l'été, mais on ne saurait perdre de vue que l'automne est ici une saison réparatrice. La température y est à la fois aussi élevée et plus régulière que celle du printemps, et les pluies sont également assez abondantes et assez bien réparties. Ce travail de réparation, qui a lieu en automne, peut être considérablement favorisé par une fumure donnée à cette époque, qui est la plus propice pour cette opération. Reconstitués, pour ainsi dire, à la fin d'octobre, les prés passent l'hiver sans souffrir sensiblement, et le printemps les trouve assez bian préparés pour entrer en végétation et donner une bonne première coupe. Il ne saurait être question ici d'une seconde coupe, que l'on ne peut pas même espérer exceptionnellement sans le secours des irrigations. La transformation de quelques étangs en réservoirs les rendrait possibles.

Les pâturages ne sont pas un non-sens dans un pays où la valeur de la terre s'élève rarement au-dessus de 600 francs et où la végétation naturelle du sol est d'ailleurs assez bonne. Déjà avantageux par eux-mêmes dans les terres trop pauvres ou pas assez bien préparées pour admettre immédiatement la formation des prairies, les pâturages se prêtent admirablement, dans ce pays, à la culture des céréales. Rompus assez tôt pour recevoir une jachère, ils sont ici une des meilleures places que l'on puisse donner au blé. Nous avons vu, cette année même, un blé, placé dans ces conditions, donner un poids de gerbes de 10,000 kilogrammes par hectare.

Défrichés également le plus tôt possible après les semailles d'automne, et labourés une seconde fois au printemps, puis semés en avoine, les pâturages sont susceptibles de fournir une récolte au moins aussi élevée que celle que l'on obtient dans un étang, après deux années d'eau.

En résumé, si nous classons les plantes, par rapport à leur culture en Dombes, en plantes à produits impossibles, produits éventuels et produits probables, nous aurons le tableau suivant[1].

PLANTES A PRODUITS IMPOSSIBLES.	PLANTES A PRODUITS ÉVENTUELS MAIS POSSIBLES.	PLANTES A PRODUITS PROBABLES.
Luzerne. Sainfoin. Vesces tardives. Maïs. Betterave. Racines des crucifères semées au printemps. Plantes industrielles diverses.	Trèfle ordinaire. Trèfle incarnat. Vesces d'hiver. Vesces hâtives de printemps. Colza. Blé de printemps. Orge d'hiver et de printemps. Avoine d'hiver. Carottes. Raves d'automne.	Blé d'hiver. Seigle. Avoine de printemps. Navettes. Sorgho sucré. Prairies naturelles. Pâturages.

[1] Nous n'avons pas voulu énumérer ici toutes les plantes. Notre but est

Sans doute, la conclusion de tout ce qui précède n'est pas rassurante pour les personnes qui croient la Dombes susceptible de devenir un jour la Flandre de l'Est; mais elle a le mérite, je crois, d'être logique, et, dans tous les cas, elle résulte d'une étude consciencieuse faite sans parti pris et avec le désir de conclure plutôt, pour que contre la possibilité d'une transformation rapide de la culture du pays. Tout étonnants que paraissent au premier abord les résultats auxquels nous arrivons, les hommes pratiques n'en éprouveront aucune surprise. Lorsque dans le cours d'une carrière laborieuse on s'est plusieurs fois buté contre les obstacles que l'agriculture présente, on comprend au moins les vérités d'intuition, si une longue habitude de l'observation et de l'analyse des faits, aidée d'études spéciales, ne vous mettent sur la voie des conséquences par la connaissance parfaite des causes.

Quand on pense d'ailleurs que le sol et le climat semblent être faits exprès pour aggraver mutuellement les défauts l'un de l'autre, on trouve bien naturel le tableau résumé que nous venons de donner.

En classant les plantes comme on vient de le voir, nous avons voulu faire ressortir le petit nombre de celles sur lesquelles on peut baser un système des cultures pour la Dombes. Quelques probabilités de réussite ne suffisent pas pour justifier, dans une culture, l'introduction régulière d'une plante. Nous ne prétendons pas exclure complétement de la culture de la Dombes les plantes que nous avons classées dans la deuxième catégorie; mais nous croyons qu'il y aurait imprudence et presque certitude d'insuccès, à les cultiver dans une certaine proportion. Leur culture, en un mot, doit être éventuelle comme leur réussite, et, lorsqu'il s'agit d'un système régulier, c'est uniquement sur celles de la troisième catégorie qu'il faut se baser, en attendant que les améliorations

seulement de donner une idée du petit nombre de celles que le climat et le sol de la Dombes peuvent admettre.

agricoles, qui apporteront quelques modifications aux propriétés physiques du sol, rendent moins éventuels les produits fournis par les plantes de la seconde catégorie. Nous sommes donc conduits forcément à baser la culture de la Dombes sur les prairies et les pâturages, comme moyen d'amélioration, et sur les céréales d'hiver, comme source de produit.

CHAPITRE V

Les Étangs [1].

> « Tels furent les immenses travaux des antiques Bressans, dont le génie et l'industrie méritent d'occuper une place glorieuse dans l'histoire des peuples agricoles; car ils ont fait, avec plus de difficultés peut-être, ce que les Bataves n'ont fait qu'après eux dans les marais de la Hollande et de la Zélande.
>
> BERTHOLLET.
>
> (*Rapport général sur les Étangs*, 1795.)

Nous rappelons que nous nous sommes proposé, dans ce travail, de ne traiter la question de la Dombes qu'au seul point de vue agricole et économique. Nous avons admis l'hypothèse du desséchement, et nous nous sommes demandé quels devaient être les moyens de transformation culturale les plus pratiques et les plus avantageux, et en même temps quelles devaient être les conditions de temps et d'argent de cette transformation.

Dans cet ordre d'idées, avant de commencer notre travail de démolition d'une part et de reconstruction de l'autre, il est utile de dire quelques mots sur la valeur de l'édifice qu'il s'agit d'anéantir, au point de vue de la richesse du pays et de la production agricole en particulier.

[1] Pour les personnes étrangères à la Dombes, nous croyons devoir dire que les étangs sont formés artificiellement et au moyen de chaussées, dans les nombreux replis de terrains que le plateau présente. Ces étangs, alimentés par les eaux pluviales, sont affectés deux ans à la production du poisson, et une année à la culture de l'avoine. Il résulte de là deux propriétés distinctes : celle de l'*évolage* ou droit à l'empoissonnage et à la pêche, et celle de l'*assec*, ou droit de cultiver l'étang en avoine la troisième année. Il existe en outre des droits de *brouillage* ou pâturage dans l'étang, des droits d'*abreuvage*, etc.

Nous n'insisterons pas sur les avantages économiques du régime des étangs; personne n'ignore qu'il est peu de systèmes agricoles où les frais d'exploitation soient moins élevés pour une surface donnée et plus productifs d'*intérêts;* où les capitaux se trouvent moins de temps engagés dans l'entreprise et soumis à l'action de moins de chances de pertes que dans le système des étangs.

Tout le monde sait combien le régime des étangs est facile à administrer. Mais le point que nous chercherons à mettre en relief sera celui de l'engrais produit par l'action de l'évolage, cette jachère d'eau, comme l'apppelait M. Puvis, qui, en supprimant les frais de culture, amasse et concentre dans le sol de plus abondantes matières de fertilisation que la jachère ordinaire.

Tous les trois ans l'étang donne une récolte d'avoine estimée en moyenne à 25 hectolitres de grain par hectare, soit 900 kilogrammes en poids, plus environ 1,800 kilogrammes de paille.

Ces 900 kilogrammes de grain correspondent, d'après les données de la science et de la pratique, à 5,000 kilogrammes de fumier de ferme.

Les 1,800 kilogrammes de paille peuvent représenter leur poids en fumier.

De sorte que nous avons 6,800 kilogrammes de fumier.

Il faut ajouter à cette quantité le fumier provenant du brouillage ou pâturage des étangs lorsqu'ils sont en eau. Ce pâturage a une valeur réelle en Dombes; il n'est pas estimé à moins de 2 francs de revenu par hectare et par an, pour les domaines qui jouissent de ce droit.

On peut admettre, sans crainte d'exagération, que la quantité d'herbe de pâturage, réduite en foin sec et consommée par le bétail, est de 400 kilogrammes par an et par hectare, soit 800 kilogrammes pour les deux années d'évolage. A cause des pertes naturelles du parcours des animaux, nous porterons la quantité de fumier produit à 800 kilogrammes.

D'où il suit que l'évolage aura produit, en tout, 8,000 kilogrammes d'engrais, soit, par an, 4,000 kilogrammes, dont la majeure partie n'a besoin d'être ni chargée, ni transportée, ni épandue.

Si l'on calcule maintenant la quantité de fumier que peut produire un pré rendant, en moyenne, comme ceux de la Dombes, 3,000 kilogrammes de foin par hectare, et un pâturage d'arrière-saison équivalant à 1,000 kilogrammes de foin; si l'on retranche de cette quantité celle qui est nécessaire à la prairie pour soutenir sa productivité, on verra combien est faible la différence qui existe entre la prairie et l'étang, en les considérant seulement comme producteurs d'engrais.

Ces faits donnent, en partie du moins, l'explication de la valeur élevée des étangs en Dombes, ainsi que de l'élévation de l'impôt qui grève ce genre de propriété, comparativement à celui des terres arables.

Ils expliquent également le prix qu'attachent les cultivateurs aux domaines auxquels sont annexés des étangs.

En se reportant à ce que nous avons dit sur le climat et le sol de la Dombes, il est très-logique et très-naturel de penser que les étangs y ont été établis dans le but de tirer parti d'un sol ingrat qui, sans ce moyen et dans les circonstances de l'époque, eût continué à ne donner que de faibles produits au prix de beaucoup de peine et de travail.

Il est également naturel de penser qu'à cette époque, tous, petits et grands, cultivateurs et seigneurs, avaient compris ces avantages et en étaient arrivés à s'entendre sur la convenance de ce système agricole.

Ces idées trouvent leur confirmation dans les passages suivants que nous empruntons au rapport général sur les étangs, du célèbre chimiste Berthollet :

« Le sort des récoltes sur les terres non inondées est réelle-
« ment incertain (il s'agit de la Bresse) ; les terres ayant peu
« de pente et d'épaisseur, on est obligé de former des sillons
« hauts et étroits. S'il survient des pluies après les semailles,
« avant que la terre ait pris, dans cet état, de la consistance,
« avant que les racines du blé aient lié et fixé autour d'elles

« la terre qui les couvre, le dessus s'échappe dans la raie et « dégarnit le blé qui jaunit et languit, et souvent encore est « plutôt atteint par les gelées et détruit sans retour.

« L'intérêt a sanctionné cet usage (eau et culture alterna- « tives), tous les colons ont vu que la terre couverte d'une « mince terre végétale ne donnait que des produits faibles et « souvent incertains après beaucoup de dépenses et *cinq la- « bours ;* ils ont vu que les grands froids, comme les grandes « pluies, attaquaient ou détruisaient souvent les blés d'hiver, « tandis que les étangs cultivés sans engrais, avec un seul « labour, sans crainte de gelées, donnaient les plus belles « récoltes.

« Les riches fournissaient les fonds nécessaires pour faire « les chaussées, sous la condition qu'ils jouiraient de l'é- « tang en eau pendant deux à trois ans, et que pendant l'an- « née immédiate après la pêche, le propriétaire du fonds au- « rait le droit de le cultiver à son profit. Cet usage est devenu « une sorte de droit coutumier, transmissible comme toute « propriété foncière, dans les transactions entre les citoyens. »

Ces passages nous fournissent un précieux enseignement. Le célèbre chimiste, dans son enquête, avait reconnu que la terre de Dombes possédait par elle-même bien peu de valeur. Il pensait avec juste raison que les étangs avaient été pour le cultivateur une jachère d'autant plus utile que, puisant largement aux sources des agents naturels, elle fournissait l'engrais gratuitement et donnait de plus une denrée animale (poisson), utile à l'alimentation de l'homme.

La jachère subsiste encore en Dombes, elle y est nécessaire; elle pèse sur la production, sans doute, mais par la mauvaise nature du sol plutôt que par elle-même. Quoi qu'il en soit, elle est encore, par la force des choses, le moyen le plus économique de tirer parti du sol, et le système des étangs, *au point de vue agricole*, lui est incontestablement supérieur.

Est-ce à dire pour cela que *jachère et étangs* doivent toujours durer? Nous ne le pensons pas, parce que nous sommes de ceux qui croient sincèrement au progrès et qui pensent que la science et l'industrie n'ont point de limites et que, mieux que tous les autres moyens, elles sont aptes à résoudre le problème du dessèchement de la Dombes.

L'intérêt réciproque et bien compris de tous pour l'établissement des étangs dut nécessairement, à l'origine, se traduire par une formule juridique. C'est ce qui explique la presque similitude des dispositions introduites sur cette matière dans les coutumes des pays où les mêmes causes devaient produire les mêmes résultats. Nous trouvons en effet dans les coutumes de Villars, de Touraine, de Bauché, etc., qu'un propriétaire pouvait inonder les champs de ses voisins pour établir un étang mais ces coutumes sont unanimes pour imposer l'indemnité préalable fixée, à *l'arbitrage de gens de bien*, dit la Coutume de Bauché.

Comment a-t-on pu voir dans ces dispositions l'indication que les étangs n'avaient été établis que par la violence, *vi et potentia ?*

Pour cela il faut admettre bien gratuitement, selon nous, que tout esprit de justice était nul à cette époque dans les transactions publiques et privées, et qu'en conséquence l'indemnité, qui était de *droit*, n'était pas la représentation de la valeur cédée. Comment expliquer, d'une autre part, cette grande multiplication des étangs à la fin du dix-huitième et au commencement du dix-neuvième siècle, époque coïncidant avec la décadence et l'abolition du système féodal ?

Nous n'insisterons pas sur l'erreur que l'on commet en prétendant qu'à une époque reculée, avant l'établissement des étangs, l'agriculture de la Dombes était des plus florissantes et nourrissait une nombreuse population. Cette assertion ne repose que sur des faits très-contestables. Pour l'accepter, il faudrait admettre aussi que les observations citées ci-dessus, faites et recueillies par le célèbre chimiste Berthollet, confirmées par les savantes études de M. Pouriau sur les sols de la Dombes, par les recherches statistiques sur la population et par la pratique et l'expérience de tous nos cultivateurs, fussent entachées d'erreurs graves et matérielles ; il faudrait admettre que la chaux, dont l'emploi en Dombes remonte à peine à trente ans, était connue anciennement dans ce pays, ou, ce qui serait démenti par les faits, que cet amendement n'eût aucun des effets qu'on lui attribue dans nos terres, et surtout celui de permettre la substitution de la culture du froment à celle du seigle. Il faudrait admettre qu'à l'époque dont on parle, la Dombes était mieux percée de routes, qu'elles étaient mieux entretenues qu'aujourd'hui ou que ces routes n'ont que très-peu d'action sur la prospérité agricole.

On est allé jusqu'à dire que les étangs avaient été généralement établis sur des emplacements occupés par des prairies. Nous répondrons à cela par deux citations :

« On voit plusieurs étangs dont on a fait des prés, et on ne « voit aucuns bons prés dont on ait fait des étangs.

« L'herbe est une espèce de revenu qu'on estime encore plus « que celui des étangs, soit à cause de la nécessité qu'on a « de nourrir les bêtes de labourage ou de voiture, soit à cause « que les prés coûtent encore moins à entretenir. » (Collet, Statuts de Bresse, page 86, livre III, section Ire.)

« Peu à peu l'on a desséché les étangs dont le fonds était « fertile, et que l'on pouvait maintenir dans cet état, parce « qu'on n'a pas balancé à préférer *vingt arpents de bons prés*, « *à vingt arpents d'eau*, presque partout où les localités l'ont « permis ou indiqué ; l'intérêt seul est l'argument et la « preuve de cette amélioration successive. » (Berthollet, Rapport cité.)

Afin de combattre l'application du principe d'indemnité à la suppression forcée des évolages, que bien des personnes regardent comme de la plus stricte justice et que, pour notre propre compte, nous admettons sans réserve, afin, disons-nous, de combattre cette application, on proclame que le régime des étangs n'étant qu'un mode de jouissance, un système de culture, un assolement, peut être interdit sans indemnité. Un jurisconsulte trouverait sans doute beaucoup d'arguments contre une thèse semblable ; mais pour nous agriculteurs, peu nous importe que l'étang soit un mode de jouissance, un système de culture ou un assolement ; il s'agit surtout de savoir si la destruction du régime de l'étang anéantit une valeur. Les vignes, les plantations de mûriers, d'oliviers, les houblonnières, les prés, etc., sont aussi des modes de jouissance, et cependant nous ne saurions admettre que l'on a le droit d'ordonner la destruction de toutes ces valeurs, sans indemnité préalable pour le-dommage causé. En disant aux propriétaires de ces vignes, plantations, etc. De quoi vous plaignez-vous, que demandez-vous, puisque le sol vous reste ? L'action de planter des vignes, des oliviers, des mûriers, l'action de bâtir sur un fonds, *d'élever une chaussée pour retenir les eaux*, est un mode de jouissance de la propriété, soit ; mais quand les vignes, les oliviers, les mûriers sont plantés, quand la maison est bâtie, la *chaussée élevée*, de nouvelles valeurs sont incorporées au fonds et forment, dès lors, des propriétés tout aussi respectables que la valeur du fonds elle-même.

Si dans une terre en culture ordinaire on venait interdire la culture d'une plante, d'une céréale par exemple, et que nous fussions en conséquence réduits à cultiver une autre plante analogue, il est bien certain, et nous l'admettons volontiers, que rien ne serait radicalement changé, quoique, dans bien des circonstances, il survint des difficultés pour tirer le même parti du sol, tant il est vrai que la restriction de la liberté des cultures peut avoir de fâcheuses conséquences; mais à la rigueur nous pourrions nous retourner d'un autre côté sans un dommage absolu. Mais vouloir assimiler la culture inondée, la culture du poisson, qui exige préalablement pour son établissement des travaux d'art coûteux, à une culture céréale, ce serait commettre une erreur, ce serait oublier comment se créent les richesses, et nier l'intervention de l'industrie et du génie de l'homme dans leur formation.

On a voulu assimiler les étangs aux marais. Ce rapprochement manque d'exactitude au point *de vue agricole*. Pour qu'il fût juste, il faudrait admettre que l'eau des étangs, au lieu d'être, comme elle l'est, une source de richesses et de fécondité pour le sol en même temps qu'une jachère productive par elle-même, n'exigeant aucun travail, fût au contraire, comme pour les marais, un empêchement à la culture.

Lorsqu'on dessèche un marais, on augmente presque toujours, par le fait de l'opération elle-même, la valeur du fonds[1]: on l'émancipe, et par conséquent, d'une non-valeur, on fait une valeur utile.

Lorsqu'au contraire on dessèche un étang, on diminue, par le fait même de l'abolition du régime de l'eau, sa valeur *actuelle*.

Enfin, il y a entre les marais et les étangs cette différence que les premiers sont toujours situés sur les fonds qui ont le moins de valeur, tandis que les étangs y sont, pour la plupart, les biens ruraux les plus estimés.

Quoi qu'il en soit des observations ci-dessus, que nous avons cru devoir présenter dans l'intérêt de la vérité, nous répétons que les étangs sont loin d'être pour nous le dernier mot de la science et de l'industrie de l'homme dans les moyens de tirer parti du sol de la Dombes. Nous avons foi dans l'utilité et dans l'avenir d'une transformation, et c'est pour cela que nous allons rechercher les moyens agricoles de la préparer et de l'accomplir, en soumettant à nos confrères en agriculture un essai de culture pastorale à substituer à l'état de choses actuel.

[1] On sait que le concessionnaire n'a pour l'indemniser de son travail et de ses déboursés, qu'une part dans la plus-value.

CHAPITRE VI

Transformation culturale.

« Destruam et ædificabo. »

(*Deutéronome.*)

« Un cultivateur ne doit jamais entreprendre une opération agricole, soit qu'elle rentre dans la pratique ordinaire, soit qu'il la considère comme une amélioration, sans y avoir réfléchi avec toute l'attention dont il est capable, et sans être convaincu qu'il est utile pour lui de l'entreprendre. »

JOHN SINCLAIR.

Rien n'est plus grave, en général, pour un cultivateur, que d'avoir à modifier son système de culture; rien n'exige de sa part plus de sages réflexions, de prudence et de circonspection. Si cela est vrai dans les modifications ordinaires, que la force des choses, le progrès agricole, l'action de circonstances économiques nouvelles bien précises, indiquent et déterminent, à plus juste titre cela est vrai lorsqu'il sagit, comme dans la question qui nous occupe, non-seulement de modifier une marche suivie jusqu'à ce jour, avec les anciens éléments dont on dispose, mais encore de rendre d'abord et désormais inutiles et sans emploi des valeurs créées jadis à grands frais, de se priver pendant un certain temps d'un revenu certain et d'autant plus avantageux qu'il était pour une grande part l'œuvre d'agents naturels, dont le service est gratuit ; de s'engager à nouveau dans une série d'opérations et de dépenses qui ne doivent être probablement amorties qu'au bout d'un grand nombre d'années, lorsqu'il s'agit en un mot, de *démolir* d'abord et de *reconstruire* ensuite.

Ainsi, de prime abord, au point de vue agricole, le seul que nous considérions ici, la question du dessèchement des étangs et de leur transformation culturale paraît grave et délicate.

Pensant d'ailleurs que, dans les circonstances actuelles, il est bon que chacun apporte à la solution d'un problème aussi complexe sa part de concours, quelque modeste qu'elle puisse être, nous n'hésitons pas à présenter ici l'ébauche d'un système de transformation, résultat des études qu'il nous a été permis de faire pendant un séjour de plusieurs années dans le pays d'étangs.

Il faut l'avouer, le problème se resserre chaque jour, et déjà la science économique et l'expérience sont d'accord, pour fixer à l'avance la voie générale à suivre dans l'œuvre de la transformation. L'esprit public semble de plus en plus pénétré de cette idée, que c'est vers le développement du système fourrager que le cultivateur de la Dombes doit tendre, et que c'est par l'application d'une formule quelconque de ce système que le dessécheur doit accomplir son œuvre et en assurer la marche et le succès à venir.

Déjà on comprend mieux que vouloir soumettre d'une manière générale les étangs au sytème de la charrue, ce serait vouloir ramener, à une époque qui ne serait pas éloignée et qu'il ne serait pas impossible de fixer d'avance, leur sol relativement riche, à l'état de celui qui forme actuellement le domaine cultivable, c'est-à-dire à l'état d'un sol produisant, par l'application du système triennal actuel, 12 hectolitres (semences non prélevées) de froment en moyenne tous les deux ans. En effet, personne n'ignore que, par la nécessité où l'on se trouverait, pour la réussite, pour la possibilité même des cultures, de tracer des raies d'écoulement aboutissant directement dans les fossés des bas-fonds, les limons des terres supérieures, se confondant avec ceux des nouvelles terres mises en culture, seraient entraînés en pure perte dans les rivières. Inconvénient grave et que le système conservateur des étangs évitait admirablement au grand avantage de la production.

Personne non plus n'ignore qu'il faudrait, pour ces nouvelles cultures, l'achat et l'entretien de 80 à 90 kilogrammes de poids de bêtes de trait par hectare ; que cet entretien serait souvent impossible par la pénurie actuelle des fourrages; que la production des nouveaux fourrages exigerait immédiatement la création très-coûteuse de prairies naturelles, coûteuse surtout, parce que cette création devrait être faite tout à coup, dans un pays où les engrais sont insuffisants.

Chacun en outre comprend que, pour loger ce bétail de trait, des constructions nouvelles, des additions de constructions, seraient, dans la plupart des cas, nécessaires; que le cheptel mort devrait être augmenté, etc.; et surtout, que le défaut d'engrais, bien constaté dans l'état actuel, augmenté même par la suppression des étangs et l'extension de la culture elle-même, réduirait nécessairement le pays à un état de plus grande pauvreté : car ce n'est pas ce qu'on cultive qui rapporte, c'est ce qu'on peut fumer, surtout ici.

Sans doute, si le sol de la Dombes admettait la culture de certaines plantes fourragères, telles que la luzerne, le sainfoin ; s'il ne rendait pas la production du trèfle très-éventuelle, et celle des vesces, des jarosses, etc., si peu économique, ainsi que nous l'avons fait voir précédemment, nous comprendrions très-bien, sur le sol desséché des étangs, l'application à peu près immédiate de la culture arable.

De ce que nous venons de dire, en résulte-t-il nécessairement que, dans certaines circonstances spéciales, ce système ne puisse pas s'inaugurer tout de suite ? Nous ne le pensons pas. Rien n'est absolu dans notre profession. Chacun, appréciant les circonstances avantageuses de sa position, dirigera sa marche suivant son intérêt, et cet intérêt sera pour le pays, dans la plupart des cas, le meilleur garant de l'intérêt général.

Ainsi, en principe général, exclusion du système arable pur sur le sol desséché des étangs.

Bien certainement la création immédiate de prairies naturelles sur ce sol serait la chose du monde la plus désirable [1];

[1] A ce sujet il nous revient à la mémoire une parole de Schwerz, l'illustre directeur de l'École d'Agriculture de Hohenheim (Wurtemberg):

« C'est une vraie folie, disait ce savant praticien, dans son *Manuel de* mais l'établissement de ces prairies est-il immédiatement possible d'une manière générale? Nous ne le pensons pas.

Il faut, pour faire un pré, beaucoup de fumier, car, ainsi que le dit Schwerz, « *c'est une économie bien entendue de donner au sol beaucoup d'engrais avant de le convertir en prairie.* »

Or, en Dombes, la pénurie de l'engrais est extrême; la culture n'en a pas la quantité qui lui serait nécessaire pour être sinon prospère, du moins avantageuse. Il n'est qu'une portion de l'étendue des étangs qui présenterait, à la rigueur, un degré suffisant de fécondité pour être mis immédiatement en pré, sans le secours d'engrais.

Nous avons vu d'autre part que le cultivateur dombiste a peu à compter sur les engrais extérieurs. Quant aux engrais pulvérulents, c'est une ressource des plus éventuelles et des plus précaires.

Si donc la prairie, restant toujours le but de toutes nos préoccupations dans l'acte du desséchement, ne peut être immédiatement l'unique moyen de la transformation culturale à accomplir, il y a lieu de demander à un système fourrager moins avancé, plus facile, plus en rapport avec l'état actuel du sol et avec les circonstances économiques qui nous entourent, la possibilité de sortir d'un embarras passager qui, une fois vaincu, nous laissera libres d'aspirer à de meilleures conditions de production.

Ce système est le système pacager, alternant, dans une certaine mesure, avec le système arable, et cédant peu à peu la place aux prairies, pérennes à mesure que les quantités de fumier crées par lui s'augmentent et permettent leur établissement successif. Dans cet ordre de choses, les prairies, à mesure qu'elles s'étendent, contribuent, par les fumiers disponibles qu'elles produisent, à restreindre encore l'étendue des pacages, à en prendre la place, jusqu'à ce qu'enfin, par l'action d'un temps déterminé, elles arrivent à couvrir complète-

l'Agriculteur commençant, dont moi-même j'ai été atteint par un amour outré de la charrue, que de vouloir tirer parti des étangs desséchés autrement qu'en les mettant en prairies. »

ment l'assiette de l'étang desséché. Une pareille marche est une nécessité résultant de tout ce que nous avons dit dans les quatre premiers chapitres de ce travail. C'est aussi une nécessité économique, parce qu'il importe de ménager la transition et de créer le fumier que l'on n'a pas, en se servant des ressources dont on dispose; parce qu'il importe également d'éviter le développement du matériel agricole, l'augmentation de la main-d'œuvre, la construction de bâtiments dispendieux, parce qu'il importe, enfin, de simplifier l'administration et de conserver aux capitaux employés un caractère de rapide transformation.

Ainsi, commencer par le pâturage pour passer à la prairie, et de là à la culture avantageuse du blé, voilà le but définitif de l'agriculture en Dombes, voilà aussi la marche que nous suivrons.

L'animal que nous choisirons pour utiliser ce pâturage est naturellement indiqué par les circonstances du pays, c'est le mouton d'engrais, producteur de laine et de viande.

Il ne peut être question ici de l'*élève* du mouton, qui y est tout à fait impossible, à cause des alternatives d'humidité et de sécheresse du climat et de l'imperméabilité du sol. L'expérience, du reste, s'est prononcée irrévocablement sur ce point.

Au contraire, elle a démontré péremptoirement que des moutons adultes peuvent très-bien passer un an dans nos fermes sans redouter les suites de la cachexie, et être, après ce temps, vendus avantageusement à la boucherie lyonnaise.

L'avantage de l'entretien du mouton et de son engraissement sur le sol de Dombes est d'autant plus précieux, que le fumier qui en provient convient admirablement à la nature de ce sol, pour lequel il est un puissant moyen de fertilisation.

Afin de fixer les idées, nous allons appliquer le système de transformation culturale dont nous venons de parler au dessèchement d'un étang que nous allons prendre comme exemple.

Faisons remarquer d'abord qu'il y a, selon nous, quelques cas où il est possible, au moyen de deux années de jachère morte et presque sans addition d'engrais, de convertir immédiatement une certaine étendue de l'étang en pré : c'est généralement la partie située vers son thalweg, près de la chaussée. Cette partie, ordinairement la plus riche par l'accumulation de dépôts séculaires, peut être estimée, en moyenne, à *un cinquième* de l'étendue d'un étang. Ce n'est qu'une appréciation moyenne et générale que nous donnons ici. Tantôt cette surface sera plus considérable pour tel étang donné, tantôt elle le sera moins et quelquefois même nulle pour tel autre.

Soit maintenant un étang moyen présentant cette proportion d'un cinquième dont nous venons de parler, et supposé avoir, pour simplifier la partie matérielle de la démonstration, 5 hectares juste d'étendue.

Aussitôt après la pêche, en mars ou avril, nous semons en avoine les 4 hectares les moins riches ; dans cette avoine, nous semons un pâturage dont nous indiquerons plus loin la composition : à partir de ce moment, l'hectare le plus riche et mis en jachère entre dans sa période de jachère biennale.

A la seconde année, nous avons, d'une part, 4 hectares de pâture créés et 1 hectare en jachère, dans lequel, après préparation convenable, nous semons de la graine de pré à l'automne, vers la fin d'août ou le commencement de septembre.

A la troisième année, nous avons donc 4 hectares de pâture et un hectare de pré en rapport.

A la quatrième année, même proportion.

A la cinquième année, l'on jachère une étendue de pâture déterminée par la quantité de fumier disponible que l'on se trouve avoir ; et, à l'automne, l'on sème en pré cette étendue. Le reste de la pâture est emblavé en avoine au printemps, et dans cette avoine l'on sème un nouveau pâturage.

Et ainsi de suite, jusqu'à ce qu'enfin le pré soit créé sur toute l'étendue de l'étang.

Pour présenter une idée exacte de ce système, nous donnerons dans un tableau (tableau A) l'ordre et le mouvement de toutes les transformations successives à opérer, l'étendue relative de chaque culture, les quantités de moutons à entretenir, soit pendant l'hivernage, soit pendant l'estivage, les quantités de fumier produites, celles qui sont destinées à l'entretien annuel des prairies, celles qui sont laissées disponibles pour la création de nouvelles prairies, etc.

Voici les éléments qui ont servi à établir ce tableau.

1° L'année agricole commence au 1er octobre. La saison d'hivernage comprend les huit mois d'octobre, novembre, décembre, janvier, février, mars, avril et mai;

Celle de l'estivage comprend les quatre mois de juin, juillet, août et septembre;

2° Un pâturage dure trois ans. Il est rompu à la quatrième année et ensemencé en avoine et pâturage après deux labours, dont l'un de défrichement donné au commencement de l'hiver, et l'autre de semaille;

3° Le semis de pâturage se fait avec 10 ou 12 kilogrammes de grain de trèfle blanc et 25 à 30 kilogrammes de lupuline, connue sous le nom de minette : l'expérience prouve que ces plantes réussissent convenablement sur le sol de Dombes;

L'on y ajoute, suivant que cela est possible, de la *fenasse* ou poussière de foin, renfermant les graines qui se sont détachées de ce dernier;

4° La jachère admet le défoncement, le chaulage, à raison de 50 hectolitres par hectare, etc.;

5° La graine employée pour le semis des prés se trouve par hectare composée dans la proportion suivante [1], un peu plus, un peu moins, suivant les circonstances :

Fétuque des prés.	15	kilogr.
Pâturin des prés.	10	—
Dactyle pelotonné.	10	—
Houlque laineuse..	20	—
Fléole des prés.	5	—
Trèfle blanc.	5	—

[1] Cette proportion est celle qui est adoptée depuis quelques années à la Saulsaie.

Lupuline.................... 10 kilogr.
Trèfle ordinaire............... 2 —

6° Le pâturage d'été admet huit moutons par hectare du poids de 30 à 35 kilogrammes.

Chaque mouton est supposé consommer par jour, et pendant toute la saison d'été, la valeur de 1 kil. 200 gr. de foin sec et rendre en fumier disponible, recueilli par le parcage, un égal poids d'engrais ;

7° Chaque mouton pendant l'hivernage consomme en foin la même quantité de 1 kil. 200 gr.;

8° Le foin sec recueilli donne en fumier le double de son poids. La paille donne son poids en fumier. Ce fumier est supposé être du bon fumier de ferme, un peu plus riche que le fumier *normal*.

9° Chaque hectare de pré est estimé donner un rendement moyen de 3,000 kilogrammes de foin sec ; le pâturage du pré d'arrière-saison vient en aide au pâturage des pâtures proprement dites.

Chaque hectare de pré à établir (non compris celui que l'on obtient immédiatement par deux années de jachère) exige pour sa formation 30,000 kilogrammes de fumier, à l'exception toutefois des parties comprenant le pourtour de l'étang, qui, étant ordinairement très-pauvres, exigent des masses plus considérables d'engrais.

10° Chaque hectare d'avoine rend 2,000 kilogrammes de paille. (Tableau A.)

Nous compléterons ce tableau par un autre où seront représentés le mouvement et le chiffre des valeurs correspondantes à la série des transformations successives que nous avons données.

Voici les éléments de ce nouveau travail : (Tableau B.)

1° Nous supposons que le sol nu d'un étang desséché en Dombes vaut en *moyenne* 300 francs l'hectare.

Que l'on veuille bien ne pas se récrier trop vite contre ce chiffre de 300 francs, et observer auparavant que les terres nent de t

FOIN.		OBSERVATIONS.
…SERVER L'ANNÉE …VANTE.	A CONS… DAN… L'AN…	
…rammes.	Kilogra…	
. . .	. . .	
. . .	. . .	
…000 »	. . .	
…000 »	3,00	
…000 »	3,00	
…400 »	3,00	
…400 »	5,40	
…400 »	5,40	
…400 »	5,40	
…760 »	5,40	
…760 »	8,76	
…760 »	8,76	
…760 »	8,76	…année, indépendamment des quantités de fumier em-…s prairies et de celles nécessaires pour fumer les 81 ares …ir en pré, il en reste 43,000 kilog. environ, que l'on …aibles et surtout sur les parties du pourtour qui sont, …moins fécondes de l'assiette de l'étang.
…570 »	8,76	
…570 »	12,57	
…570 »	12,57	
…570 »	12,57	
…000 »	12,57	
…000 »	15,00	…vième année, inclusivement, tout est en état normal, …dement moyen annuel de 15,000 kilog. de fumier que …les terres labourables.
…920 »	130,92	

(Tableau A.)

Pour 10

TABLEAU

Représentant le mouvement de transformation culturale, par voie *pastorale mixte*, sur 5 hectares d'étangs desséchés.

ANNÉES	SURFACES. Avoine	SURFACES. [illegible]	SURFACES. [illegible]	SURFACES. Prés	PAILLES. [illegible]	PAILLES. [illegible]	FOIN. [illegible]	FOIN. [illegible]	NOMBRE DE VACHES. [illegible]	NOMBRE DE VACHES. [illegible]	NOMBRE [illegible]	FUMIER. [illegible]	FUMIER. [illegible]	FUMIER. Total	[illegible]	[illegible]	[illegible]	OBSERVATIONS
	Hectares	Hectares	Hectares	Hectares	Kilogrammes	Kilogrammes	Kilogrammes	Kilogrammes	Nombre	Nombre	Nombre	Kilogrammes	Kilogrammes	Kilogrammes	Kilogrammes	Kilogrammes	Hectares	
1re	4 00	1 00			8 000													
2e		1 10	1 40			2,835			8	41	16 5	5,700	3 835	8,595		4 585	1 00	
3e			1 04	1 10		2 555	3,000		9	52	18 5	5,750	3 075	8,795	3,400	5 335		
4e			1 40	1 00		1,165	3,000	3,000	12	50	20 5	5,750	7 165	12,925	3,400	9 025		
5e	5 20	0 90		1 00	6,100	1 165	3,000	3 000	12		7		7 165	7 165	3,400	9 165	0 90	
6e			2 20	1 73		1,400	5 100	5,600	12	25	17 4	4,500	7,600	12 100	5,100	6 100		
7e			2 14	1 40		1 600	5,400	5 400	21	25	22 6	4,400	12 300	16,700	5,400	11 300		
8e			2 50	1 88		1,600	5 100	5,100	21	25	26 6	5,500	15,000	20,000	5,100	14 500		
9e	5 00	1 12		1 80	5,950	1,600	5,100	5 100	21		12 7		12 100	17,400	5,600	7 000	1 12	
10e			2 08	2 92		2,000	8,700	8,000	21	16	19 9	2,650	11 400	14,050	8,700	3,070		
11e			2 75	2 62		1,050	8,500	8,500	24	16	26 5	2,850	18,560	21,410	8,500	17 650		
12e			2 80	2 92		1,050	8,700	8 700	24	16	26 5	2,850	18 560	21,410	8,700	17 650		
13e	0 41	2 75		2 95	1 650	1,050	8,700	8,700	24		19 8		18,560	18,560	8,700	9 800	1 27	Depuis la troisième année, indépendamment des quantités de fumier employées à l'entretien des prairies et de celles nécessaires pour [illegible]
14e			0 81	1 19		1,040	12,570	8,500	25	6	22 5	1,040	19,150	20,190	12,570	2 650		
15e			0 81	1 19			12,570	12,570	19	6	31	1,040	25 110	26,150	12,570	13 650		
16e			0 85	1 19			12,570	12,570	19	6	31	1,040	25 110	26,150	12,570	15,650		
17e		0 81		5 19			12,500	12,500	40		24 5		25,650	25 100	12,500	12 500	0 81	
18e				5 40			15,000	12 500	40		29 5		25 150	25,150	15,000	10,150		
19e				5 00			15,000	15,000	65		30 3		30,000	30,000	15,000	15,000		A partir de la [illegible]
					32,100	20,150	188,920	150,900	553	257	408 9	55,500	292,050	345,500	145,920		5 00	

de Dombes, constituées en corps de ferme, qui s'estiment aujourd'hui à 500 et 600 francs l'hectare, forment des corps de de domaine *bâtis*, *munis de cheptels immobiliers*, *comprenant une certaine étendue de prés et de verchères*[1], qui reçoivent souvent d'étangs annexés le secours d'une certaine quantité de paille (matière de fertilisation), et peuvent user parfois d'un droit de brouillage et de champéage.

La valeur foncière de l'hectare étant estimée à 300 francs, le revenu sera calculé à raison de 4 pour 100, soit 12 francs.

2° *Culture de l'avoine et ensemencement de la pâture.* — (Rendement moyen par hectare de 25 hectolitres de grains et 2,000 kilogrammes de paille.

Frais par hectare :

Deux labours à 16 francs.	32 francs.	
Hersages, semailles, raies d'écoulement, roulage..	10	
3 hectolitres d'avoine pour semence, à 8 francs	24	
Graine pour pâture, 12 kilog. de trèfle blanc et 30 kilog. de minette.	38	
Récolte, le dixième (mémoire).		
Rentrée et emmagasinage de la récolte (5,000 kilog. pesant), à 0f.15 les 100 kilogram.	4	50
Battage, le dixième (mémoire).		
Frais généraux de magasin et de livraison à 0 fr. 25 c. les 100 kilog., graine, sur 800 kil. vendables, les *affanures* déduites.	2	
TOTAL. . .	110 fr.	50

3° *Frais de jachère, de défoncement, de chaulage et de semis de la prairie, par hectare.*

[1] L'on appelle *verchères*, dans le pays, des terres ordinairement d'une petite étendue, placées à proximité des habitations, et qui reçoivent habituellement et de temps immémorial les plus grandes masses de fumier.—C'est dans ces terres que le cultivateur place ses récoltes de choix et servant plus spécialement à l'usage de sa maison.

POUR LA 1re ANNÉE.

Défoncement.	60 francs
Deux labours à 20 francs..	40
Trois hersages à 4 francs..	12
Total. . .	112 francs.

POUR LA 2me ANNÉE.

Deux labours à 20 francs.	40 francs.
50 hectolitres de chaux à 2 francs.	100
Trois hersages et roulages.	12
Achat de graines et semis.	110
Travaux divers d'assainissement, de nivellement, etc.	50
Total. . .	312 francs.

Soit pour le tout une somme de 424 francs dont sera débité chaque hectare de jachère à mettre en pré.

4° *Frais de récolte et d'entretien des prés, par hectare.*

Fauchage, fanage et emmagasinage.. . . .	30 francs.
Entretien, rigoles, fossés, terreautages. . .	6
Total. . .	36 francs.

5° *Frais d'entretien des raies d'écoulement dans les pâtures*, estimés par hectare à 3 fr.

6° *Frais de manipulation, chargement, transport, épandage du fumier produit pendant l'hivernage* (celui de l'estivage est répandu sans frais par le fait du parcage), estimés 2 fr. les 1,000 kilogrammes.

7° *Frais de construction de bergeries-abris et de claies pour le parcage*, estimés, par mouton à abriter et à faire parquer, à la somme de 2 fr. 50.

Savoir : pour ce qui concerne les bergeries. . . 1 fr. 50 c.
pour ce qui concerne les claies de parc. 1 »

Ces bergeries-abris seraient établies dans le genre de celles dont un spécimen existe à la Saulsaie. Elles sont d'une construction extrêmement simple et économique ; elles consistent à rejoindre bout à bout, tous les 1m.50, de grosses pièces de bois non équarries, comme si l'on voulait dresser une tente, à relier chacune de ces pièces par plusieurs traverses et à former sur ces traverses une toiture en chaume. La section de ces bergeries est un triangle ayant 6 mètres de base.

8° *Achat et vente de moutons et de laine.*

Les moutons d'hivernage, du poids de 30 à 35 kilogrammes, sont achetés, à l'automne, 18 francs, et sont revendus, après la tonte, 22 francs. Ils ont fourni 3 kilogrammes de laine payée 1 fr. 60 c. le kilogramme.

La deuxième et troisième année, ces moutons, ne pouvant être entretenus qu'à la paille, sont revendus le même prix qu'ils ont été achetés, mais ils ont rendu 3 kilogrammes de laine.

Les moutons d'estivage sont achetés au prix de 20 francs, et revendus 24 francs.

9° *Frais généraux de garde, d'achat et de vente de moutons, perte, etc., par tête.*

Frais de berger.	2 fr.	70 c.
Achat et vente.	0	50
Perte à 2 pour 100 de la valeur sur un prix moyen de 20 francs. . . .	0	40
TOTAL.	3 fr.	60 c.

10° *Les frais généraux d'administration et les frais imprévus* sont estimés par hectare à 4 francs.

11° *Le produit vendable de l'avoine* est de 20 hectolitres, qui, à 7 francs, donnent 140 francs.

Ainsi que nous venons de le voir, par les deux tableaux qui

précédent, la transformation du sol de l'étang en nature de pré est complétement opérée la dix-neuvième année[1].

A partir de cette époque, le groupe de 5 hectares rendra annuellement et moyennement 15,000 kilogrammes de foin sec, plus un pâturage d'arrière-saison, estimé environ à 50 francs, de sorte que le produit brut en argent pourra être évalué à une somme de 650 francs, savoir :

15,000 kilogrammes de foin, à 4 fr. les 100 kilog.	600 fr.
Pâturage d'automne	50
Total égal.	650 fr.

Les dépenses annuelles seront les suivantes :

1° Loyer du sol, 5 hectares à 48 francs	240 fr.
2° Frais de récolte et d'entretien de la prairie, 5 hectares à 36 francs.	180
3° Chargement, transport et épandage de 15,000 kilogr. de fumier, à 1 fr. 60 les 1,000 kilog.	24
4° Prix des 15,000 kilogrammes de fumier, nécessaire à l'entretien de la prairie, à 10 francs les 1,000 kilog	150
5° Frais généraux et imprévus.	10
Total.	604 fr.

d'où un bénéfice net de 46 francs, soit 9 francs par hectare.

[1] Quelques esprits impatients trouveront peut-être bien lente et bien timide la marche que nous suivons. Nous leur répondrons que, s'il est vrai que dans tout projet il faut faire la part de l'imprévu, à bien plus forte raison cet esprit de sage modération doit-il présider à l'établissement d'un projet agricole, où la part de l'imprévu est si grande. Les illusions, voilà surtout les dangers que nous avons voulu éviter, et, si la pratique démontre par la suite que nous avons été trop modérés, nous trouverons ce reproche beaucoup moins grave que celui que l'on serait en droit de nous adresser si nous avions fait concevoir des espérances aboutissant à des déceptions. La fertilité des étangs est d'ailleurs très-variable, et, si en moyenne un cinquième est susceptible, après deux années de jachère, d'être converti en

Il est à remarquer que, dans l'opération qui a été faite de la conversion d'un sol d'étang en nature de pré, l'on a eu en vue particulièrement de créer une annexe utile à la culture existante, un appareil à engrais et non pas une spéculation exceptionnelle de fourrages, vendus à des prix élevés, soit pour les besoins des villes ou des petites cultures qui les environnent, soit pour les besoins d'industries spéciales telles que roulages, auberges, etc.

Le grand besoin de la culture de la Dombes, c'est l'engrais ; c'est celui-là que nous cherchons à satisfaire par la création de prés qui sont dès lors le moyen et non le but de la spéculation.

Cette observation donne raison du prix de 4 francs que nous attribuons au quintal métrique de fourrage. Ce prix est en effet, en moyenne, celui que le bétail peut strictement payer dans les circonstances ordinaires.

Ainsi donc, pas d'illusion ; ce n'est que par la transformation des fourrages en engrais et de ceux-ci en céréales par la culture, que les avantages de l'opération pourront apparaître.

Le loyer du sol transformé en prairie a été porté à 48 francs l'hectare. Cette somme est l'intérêt exact à 4 pour 100, soit de la valeur initiale du sol, soit des avances qui ont été faites pour opérer la transformation.

prés, on en trouvera où cette proportion pourra aller jusqu'à un quart, un tiers, un demi même ; mais on en trouvera également d'autres, que l'on sera forcé de vouer, presque totalement, et pour longtemps, à la culture pacagère.

La période de transformation ne pourra donc pas être identique pour tous les cas particuliers; mais ce qui ne changera jamais, ce sera la marche à suivre pour en déterminer la durée ainsi que les conséquences et les résultats financiers.

Dans bien des circonstances, au lieu d'attendre à la dix-huitième année pour faire venir la prairie au secours de la culture, on pourra le faire dès la quatorzième année, en vouant au pâturage, pour un temps plus ou moins long, les 80 ares qui restent encore à transformer en pré à cette époque. Il est même probable que, dans bien des cas, cette manière d'agir sera justifiée par la pauvreté de ces 80 ares qui composeront naturellement la partie la moins favorisée de l'étang transformé.

En effet, le sol était supposé valoir en commençant 1,500 fr.
Et les avances, à la 19me année, s'élevaient à. . . 4,495

Ce qui donnait un total de. . . . 5,995 fr.

ou, en chiffres ronds, 6,000 francs.

Soit, par hectare, 1,200 francs.

Nous avons dit que la prairie produisait 15,000 kilogr. de foin qui donnaient 30,000 kilogr. d'engrais, dont la moitié était nécessaire à l'entretien de la productivité de la prairie elle-même. Il restait, pour la culture, 15,000 kilogr. de fumier.

C'est la culture locale et l'industrie agricole elle-même qui doit se charger de cette transformation.

Le capital principal, nécessaire pour cette opération, se rapporte, 1° à l'achat du bétail qui doit utiliser cette masse de fourrage; 2° à la construction de bâtiments devant loger cet excédant de bétail.

Lorsque, dans une exploitation rurale, l'on en est venu à diminuer considérablement l'étendue des pâturages qui s'utilisent admirablement par le parcours du mouton, et à augmenter dans la même proportion l'étendue des prairies fauchables, c'est en général au bétail à cornes que l'on doit recourir pour opérer, dans les meilleures conditions possibles, la conversion du fourrage en engrais.

Dès que nous nous trouverons dans ce cas, le mouton devra céder la place au bétail à cornes, au moins dans de notables proportions. Déjà même, vers la dixième ou onzième année de la transformation du sol de l'étang en prairie par la méthode que nous avons développée plus haut, cette substitution pourrait, à la rigueur, s'inaugurer dans une certaine mesure; et si, dans notre tableau, nous avons supposé l'emploi du mouton jusqu'à la fin, c'est que cette marche, qui du reste n'avait rien d'irrationnel et de contraire à une bonne pratique agricole, nous fournissait un moyen simple de faire ressortir nettement les conditions agricoles et financières de l'opération que nous cherchions à formuler.

Pour utiliser 15,000 kilogrammes de fourrages secs, il nous faudra 14 quintaux métriques de poids de bétail vivant, soit environ 3 têtes et demie, du prix total moyen de 850 fr.

Les constructions nécessaires pour loger le bétail peuvent être évaluées à 120 fr. par tête, soit en tout à la somme de 420 fr.

Ce chiffre, selon nous, serait réduit de beaucoup, si, comme nous le pensons, il était possible de loger ce bétail au moyen des bouveries-abris en chaume, dans le genre de celles dont il a été question plus haut pour le logement des moutons. Mais, comme nous ne voulons rien laisser aux incertitudes, nous admettrons le chiffre ci-dessus de 420 fr. Il suit de là que le capital principal nécessaire à la culture pour utiliser les 15,000 kilogrammes de fourrages produits par la prairie et les convertir en fumier sera de 1,270 fr., savoir :

En bétail.	850 fr.
En construction.	420
Total.	1,270 fr.

Nous livrons ces 15,000 kilogrammes de fourrage à la culture, qui, munie de ce capital de 1,270 francs, sera chargée du soin de l'utiliser et de le convertir en engrais, dont la moitié, comme nous l'avons vu, reviendra à la prairie et l'autre moitié à la terre.

Le temps n'est pas encore venu où la culture de la Dombes puisse modifier sa marche : elle n'a qu'à la continuer avec ses moyens actuels et ses méthodes. Ce que nous lui demandons, c'est d'augmenter un peu sa sphère d'action à l'aide de l'excédant de capital que nous lui fournissons. Nous voulons dire qu'elle n'a à modifier ni son assolement, ni l'ordre, ni le nombre de ses labours, et par conséquent qu'elle n'a à augmenter ni ses animaux de trait ni son matériel agricole proprement dit. Tirer le meilleur parti possible de l'excédant de bétail de rente qui lui est confié; faire en sorte que ce bétail puisse payer à la prairie le foin à 4 francs les 100 kilogrammes, ce qu'elle obtient déjà, en lui tenant compte du fumier produit au prix de 10 francs les 1,000 kilogrammes, telle doit être sa seule préoccupation. Les quelques salaires et menus frais qu'elle aura à payer pour la tenue de cet excédant de bétail devant être annuellement couverts par le produit de ce même bétail, nous ne nous en occuperons pas. Ce compte de détail nous mènerait trop loin.

Voilà 15,000 kilogrammes de fourrage convertis en 30,000 kilogrammes d'engrais; après avoir prélevé la moitié de cette quantité pour l'entretien de la prairie, l'autre moitié sera appliquée à la culture, c'est-à-dire aux terres qui, soumises à l'assolement biennal, sont ensemencées en froment après jachère. Ces terres, recevant une quantité plus considérable d'engrais, donneront une plus forte récolte que celle qu'elles produisent avec les moyens ordinaires de fumure.

Recherchons à quel excédant de récolte correspond l'excédant de fumier qui leur sera appliqué.

S'il est vrai, comme l'expérience semble le démontrer, que 640 kilogrammes de fumier produisent 100 kilogrammes de froment et 200 kilogrammes de paille, il suit que 15,000 kilogrammes, appliqués sur une terre ensemencée en froment, produiront un excédant de récolte de :

En grain.	2,343	kilogrammes.
En paille.	4,186	
Soit, en poids total. . . .	7,029	kilogrammes.

Nous aurons comme valeur brute de cet excédant :

Grain, 2,343 kilog. à 24 fr. les 100 kilog. .	562 fr.	32 c.
Paille, 4,686 kilog. à 3 fr. les 100 kilog. .	140	58
Total. . .	702 fr.	90 c.

Quels ont été les frais pour cet excédant de récolte ?

1° 15,000 kilog. fumier à 10 fr. les 1,000 kil.	150 fr.	» c.
2° Chargement, transport et épandage de 15,000 kilog. d'engrais à 1 fr. 60 c. les 100 kilog.	24	»
3° Moisson et liage des gerbes estimées au vingtième de la valeur du grain.	28	»
4° Frais de transport de l'excédant de récolte en gerbes du champ à la ferme et son emmagasinage en meules ou dans les granges à 15 cent. les 100 kilog. . .	10	50
5° Frais de battage à 1 fr. 75 c. les 100 kilog. Grain.	41	»
6° Frais généraux de magasin : vannage, pelletage, conduite à la gare d'embarquement ou au marché, etc., à 50 cent. les 100 kilog	11	71
Total. . .	265 fr.	21 c.

En retranchant les dépenses des recettes, nous avons un bénéfice de 437 francs en chiffres ronds, qui doit se diviser en deux parts égales, dont l'une reviendra à l'exploitant comme rémunération de son industrie, et l'autre viendra augmenter la rente de la terre.

Pour déterminer celle-ci, il est nécessaire de savoir à quelle étendue de terre arable correspond à peu près, dans les circonstances actuelles, une certaine étendue d'étangs.

Or, en considérant, ainsi que nous l'avons fait jusqu'à présent, un groupe de 5 hectares d'étangs, nous aurions comme surfaces correspondantes :

Terres soumises à la charrue.	12 h.	» c.
Prés anciens annexés au domaine.	2	40
Total. . .	14 h.	40 c.

Dans l'état actuel des choses, chaque hectare donne une rente moyenne de 25 francs, ce qui, pour l'ensemble, donne. . . . . 360 fr. » c.

En ajoutant la part d'excédant ci-dessus. . . 218 »

TOTAL. . . 578 fr. » c.

Soit une rente moyenne de 40 francs pour chaque hectare de terre en dehors de l'étendue d'étang convertie en prairie.

Mais, si nous ajoutons à cette somme de. . .	578 fr.
celle qui représente le loyer total des 3 hectares d'étangs nouvellement transformés en prés, soit.	240
NOUS AVONS.	818 fr.

qui, divisés par 19 hect. 40 constituant l'ensemble du nouveau groupe, nous donnent pour rente moyenne une somme de 42 fr. par hectare.

Le capital représenté par une pareille rente, calculé au denier 4, est de 1,050 fr.; soit pour les 19 hect. 40 du groupe : 20,370 fr.

Pour se rendre compte de l'avantage de la transformation du sol de l'étang en prairie fauchable, il est nécessaire d'énumérer soit les valeurs initiales foncières, soit les capitaux qui leur ont été incorporés dans le courant de l'opération. Or cette énumération nous donne :

1° 3 hectares de fonds d'étangs privés de leurs évolages, à 500 fr. ci.	1,500 fr.
2° 14 hect. 40 de terres et prés anciens, soumis à la culture ordinaire de la Dombes, à 622 fr.	8,956
3° Avances pour la transformation par voie pastorale.	4,495
4° Achat de bétail	850
5° Constructions.	420
TOTAL.	16,221 fr.

ements desséchés.

AMORTISSEMENT ET ENTRETIEN DES BERGERIES ET DU MOBILIER A 10 POUR 1	EXCÉDANT DES DÉPENSES SUR LES RECETTES. DÉFICIT.	EXCÉDANT DES RECETTES SUR LES DÉPENSES. BÉNÉFICES.	TOTAL DES DÉFICIT OU AVANCES AUX CULTURES.	OBSERVATIONS.
Francs	Francs.	Francs.	Francs.	
. . . .	106 »	. . . . . .	106 »	
9 »	474 »	. . . . . .	580 »	
9 »	118 »	. . . . . .	698 »	
9 »	80 »	. . . . . .	778 »	
9 »	396 »	. . . . . .	1,174 »	
9 »	142 »	. . . . . .	1,316 »	
9 »	108 »	. . . . . .	1,424 »	
9 »	113 »	. . . . . .	1,537 »	
9 »	596 »	. . . . . .	2,133 »	
9 »	199 »	. . . . . .	2,332 »	
9 »	149 »	. . . . . .	2,481 »	
9 »	156 »	. . . . . .	2,637 »	
9 »	726 »	. . . . . .	3,363 »	
9 »	260 »	. . . . . .	3,623 »	
16 »	288 »	. . . . . .	3,911 »	
16 »	224 »	. . . . . .	4,135 »	
16 »	598 »	. . . . . .	4,733 »	
16 »	298 »	. . . . . .	5,031 »	
16 »	. . . . . .	536 »	4 495 »	
197 »	5,031 »	536 »		

(Tableau B.)

Page 56.

TABLEAU

Représentant le chiffre et le mouvement des valeurs correspondantes à la série des transformations culturales sur 5 hectares d'étangs desséchés.

ANNÉES	LOYER DU SOL	FRAIS					AMORTISSEMENT	[illegible]	FRAIS GÉNÉRAUX		INTÉRÊT		TOTAL DES DÉPENSES ANNUELLES	PRODUITS				TOTAL DES PRODUITS	[illegible]		TOTAL [illegible]	OBSERVATIONS
		[illegible]	[illegible] l'établissement	[illegible]	[illegible]	[illegible]			[illegible]	[illegible]	[illegible]	[illegible]		de l'étang	[illegible]	[illegible]	[illegible]		[illegible]	[illegible]		
	Francs	Francs	Francs	Francs	Francs	Francs	Francs	Francs	Francs	Francs	Francs	Francs	Francs	Francs	Francs	Francs	Francs	Francs	Francs	Francs	Francs	
1	60	192	182							20	30		600	500				500	100		176	
2	60		542	12	6	85	9	902	67	20	60	5	1,145		900	45		925	55		507	
3	60			18	4		9	802	67	20	50	90	1,091		670	45		675	185		606	
4	60			18	14		9	856	15	20	54	55	1,108		1,050	50		1,000	60		417	
5	60	351	330	36	11		9	216	25	20	50	36	1,105	118	511	61		710	300		1,174	
6	60			14	14		9	716	67	50	48	50	1,069		801	51		901	112		1,366	
7	60			71	45		9	870	81	20	57	66	1,276		1,068	100		1,168	108		1,401	
8	60			34	23		9	828	91	20	55	71	1,275		1,062	100		1,162	145		1,131	
9	60	250	175	85	35		9	329	9	20	65	73	1,149	200	962	100		955	500		2,135	
10	60			111	35		9	698	67	20	40	107	1,135		863	600		916	160		2,176	
11	60			111	52		9	952	95	20	65	113	1,114		1,130	167		1,295	179		2,701	
12	60			111	50		9	952	99	20	65	126	1,136		1,132	165		1,203	150		2,665	
13	60	80	558	105	55		9	647	74	60	71	132	1,759	412	519	165		1,021	130		3,267	
14	60			125	38		9	772	40	20	55	108	1,515		891	167		1,065	300		3,023	
15	60			155	50	55	16	1,091	112	20	51	191	1,746		1,222	155		1,157	266		2,914	
16	60			155	50		16	1,091	112	20	31	195	1,601		1,220	250		1,151	221		3,150	
17	60		525	150	50		16	869	102	20	61	205	1,911		1,076	255		1,357	175		2,722	
18	60			180	50		16	892	102	20	65	150	1,697		1,050	255		1,305	546		3,661	
19	60			194	50		16	1,175	172	20	35	170	1,595		1,760	342	750	2,430		526	1,96[illegible]	
	1,150	1,715	2,115	1,875	725	140	189	14,734	1,350	380	1,102	2,066	20,770	1,111	17,512	2,554	750	22,655	3,601	526		

En retranchant cette somme de 20,370 fr., nous arrivons à une différence de 4,159 fr., qui nous représente les valeurs créées par le fait même de la transformation et de la création de prairies.

Ce résultat est satisfaisant sans doute, et il serait probablement de nature à exciter un certain nombre de propriétaires à opérer le desséchement de leurs étangs en les convertissant en prairies, s'il n'y avait pas, d'une autre part, la considération d'une valeur perdue; nous voulons parler de la valeur de l'évolage. En effet, nous n'avons compté le sol de l'étang desséché qu'à 300 fr. Cependant il vaut 700 fr. en moyenne, quand il est soumis au régime de l'évolage. C'est une somme de 400 fr. que nous avons négligée[1], soit de 2,000 fr. pour les 5 hectares transformés. Or ces 2,000 fr., pendant vingt ans, placés à intérêts composés à 4 p. 0/0, représentent une valeur de 5,300 fr., valeur supérieure au bénéfice que nous avons réalisé. En tenant compte de cette observation, l'on arrive à cette conséquence, que la période déjà considérable de 20 années n'est pas complétement suffisante pour recréer la valeur détruite de l'évolage.

En appliquant à la conversion des 14,000 hectares d'étangs de la Dombes en prairies, les calculs ci-dessus, il faudrait, dans l'espace de vingt ans :

12,386,000 fr. en avances de culture,
2,580,000 en achat de gros bétail,
1,176,000 en constructions.

Soit en tout un capital de 16,142,000 fr.

[1] La valeur moyenne d'un étang en Dombes est de 700 francs, dont 300 francs représentant la valeur du sol proprement dit et 400 francs celle de l'élevage. Le premier effet du desséchement est d'anéantir cette dernière valeur, sauf à parvenir à la reconstituer par le fait même de la transformation culturale ; — dans les comptes précédents, nous n'avons porté que la valeur de l'assec et de son intérêt.

OBSERVATIONS GÉNÉRALES

ET CONCLUSIONS

On a vu dans le chapitre précédent qu'en suivant la voie pastorale mixte, indiquée et reconnue comme l'une des plus rationnelles dans les circonstances où se trouve actuellement la Dombes, au point de vue de la pénurie des engrais, des difficultés de s'en procurer à l'extérieur, de l'état de la population, etc.; on a vu, disons-nous, qu'il fallait dix-huit à dix-neuf ans pour arriver à la conversion des étangs en prairies fauchables, et qu'au bout de ce temps même le propriétaire dessécheur était à peine rentré dans ses avances, s'il tenait compte de la valeur détruite, c'est-à-dire de l'évolage.

Sans doute ce temps paraîtra bien long aux personnes peu habituées aux choses agricoles et pour cela très-disposées à croire que les transformations de cette nature ressemblent à celles de l'industrie, dont les rapides et merveilleuses créations sont bien de nature à étonner l'imagination.

Faut-il rappeler que les conditions dans lesquelles opère l'industrie, surtout dans un état avancé de civilisation, sont bien différentes de celles dans lesquelles doit opérer l'agriculture? Faut-il ajouter que cette différence est d'autant plus grande lorsqu'il s'agit d'un pays encore pauvre, au point de vue de la fécondité native ou acquise de son sol, comme l'est la Dombes actuellement?

L'industrie, au moyen des capitaux qu'elle sait attirer, par la confiance qu'elle leur inspire, peut, dans un temps déterminé et court, se procurer les ressources dont elle a besoin.

Mais il n'est pas difficile de se rendre compte, après un moment de réflexion, que ces ressources elles-mêmes n'ont pas été improvisées. Improvise-t-on, en effet, la création des matières premières, l'outillage, l'habileté des ouvriers, le crédit et l'esprit industriel?

Il est encore une différence entre l'agriculture et l'industrie, qui n'est pas le moindre obstacle au progrès de la première. Les industriels seuls font de l'industrie, tandis que bien des propriétaires font de l'agriculture, quoiqu'ils soient, avant tout, magistrats, militaires, administrateurs, etc., etc.

Dans l'industrie donc, l'homme spécial qui suivra la bonne voie ne manquera jamais; en agriculture, au contraire, il manquera souvent, et ce ne sera qu'à la longue que les *capacités spéciales* pourront se former pour opérer les transformations que comporte le changement des conditions agricoles d'un pays.

Mais, si l'industrie trouve aujourd'hui toutes ces forces à sa disposition au moment où elle veut les mettre en œuvre, il n'en est pas de même de l'agriculture, qui, dans la plupart des circonstances, eût-elle beaucoup d'argent à sa disposition, devrait encore demander au temps la création de son capital par excellence, l'engrais, sans lequel il ne lui est pas humainement possible de produire avantageusement, économiquement.

Si nous jetons un coup d'œil autour de nous, si nous recherchons avec calme la cause de beaucoup de revers en agriculture, nous la trouverons dans la précipitation avec laquelle ceux qui les ont subis se sont mis à opérer.

Ainsi que le dit si bien M. Lecouteux, dans son excellent livre sur les *Principes économiques de la culture améliorante :* « Libre à une culture qui trouve à sa portée des engrais, des bras et des débouchés, de marcher vite pour se mettre au niveau des circonstances extérieures; malheureusement, il ne peut en être de même, et c'est le cas le plus général, pour une culture qui doit créer elle-même ses moyens de progression.

. . . .

« C'est le cas ou jamais, de renoncer au bénéfice du lendemain en faveur de celui du surlendemain. Malheur à qui ne peut attendre! »

Voilà des principes, nous dirons même des axiomes, que ne doit jamais perdre de vue le dessécheur qui voudra se mettre à l'œuvre. Le temps, voilà, avant tout, l'élément avec lequel il aura besoin de compter.

C'est parce que le gouvernement de l'Empereur a compris que ces vérités s'appliquaient particulièrement à l'agriculture de la Dombes; que le temps serait une condition essentielle du desséchement; qu'il en faudrait beaucoup aux propriétaires qui l'entreprendraient pour rentrer dans leurs avances et amortir leurs valeurs sacrifiées, qu'il offre à ce pays, d'une part, des primes d'encouragement, et, d'un autre côté, la possibilité de prêts avantageux, remboursables en vingt-cinq ans au moyen d'annuités à 5 pour 100.

On a pu voir encore, dans le chapitre précédent, ce qu'il faudrait de temps et d'argent pour arriver à dessécher tous les étangs de la Dombes, en supposant que l'opération fût commencée immédiatement. Mais là n'est réellement pas la question. Tout le monde est revenu aujourd'hui de cette idée extrême, exagérée, que tous les étangs, étant insalubres, doivent tous être supprimés. Varenne de Feuille lui-même, qui n'a pas desséché en Dombes, mais qui a été l'un des premiers et l'un des plus ardents promoteurs du desséchement, écrivait en 1789, dans un mémoire sur les *Causes de la mortalité du poisson dans les étangs*, ce passage remarquable :

« Il m'avait paru si difficile de répondre à ces objections, « surtout à la dernière (que faire des étangs placés sur de « l'argile blanche ; et c'est le plus grand nombre!), et j'ai été « si effrayé en calculant les frais immenses qu'il en coûte« rait en première mise sur un terrain aussi vaste, que j'a« vais renoncé à tout projet de m'occuper des étangs. Il ne « faudrait pas moins qu'une colonie de 20,000 habitants de « tout âge, la construction neuve de 1,200 domaines et l'im« portation de 18,000 têtes de bétail, pour mettre la popu-

« lation et la culture des pays d'étangs de la Bresse à peu « près au pair du reste de la province. Il est impossible « qu'une pareille révolution s'opère brusquement.

« Mais aujourd'hui ces difficultés semblent s'aplanir : s'il « est vrai, ainsi que tout porte à le croire, que les étangs char- « gés du brouille et de vase soient les seuls qui donnent des « émanations pernicieuses, peu importe qu'on laisse sub- « sister les étangs blancs, ils ne nuiront pas plus à la santé « des hommes que ne le ferait une rivière. . . . .

« Cette opération (du dessèchement) me paraît pouvoir se « faire sans violence, en attaquant les étangs par la circon- « férence du pays qu'ils inondent et en remontant insensible- « ment au centre; en défendant toute construction d'étangs nou- « veaux sur les fonds en culture et en accordant des primes d'en- « couragement aux propriétaires qui détruiront les anciens. »

Ce passage est instructif à plus d'un titre. Varenne de Feuille vient déclarer que tous les étangs ne sont pas insalubres et qu'il n'y a pas lieu de procéder, dans le dessèchement des autres, par mesures brusques et violentes. Cette déclaration est précieuse parce qu'elle émane d'un agronome dont les écrits ont servi de textes à de grandes exagérations sur ce sujet. Il est impossible de se refuser à voir, dans cette déclaration, l'aveu d'un homme de bien qui, après avoir consacré sa vie aux études, aux expériences les plus utiles, reconnaît loyalement qu'il y a dans cette question, comme en toute chose en ce monde, des extrêmes à éviter, une voie sage et progressive à suivre; et que, si, dans l'intérêt général, le dessèchement est à désirer, à provoquer même par des encouragements, il est nécessaire de tenir compte aussi des difficultés inhérentes à la nature même des lieux et des choses.

Ainsi donc, voici deux points admis aujourd'hui par les meilleurs esprits et confirmés par l'opinion publique elle-même : d'une part, tous les étangs ne sont pas insalubres, il en est un grand nombre qui peuvent subsister sans inconvénient jusqu'à ce que l'intérêt privé ait trouvé un avantage réel à les dessécher; et tous ceux qui peuvent être déclarés insalubres ne le sont pas au même degré ; — en second lieu, la nécessité résultant des circonstances agricoles et économiques dans lesquelles se trouve encore aujourd'hui la Dombes commande de n'opérer le desséchement des étangs que successivement et progressivement.

Il est un côté de la question qui nous paraît ne pas avoir été considéré jusqu'à présent ; c'est celui de l'intérêt, non plus des propriétaires d'étangs, dont, suivant quelques-uns, l'état de fortune est tel qu'à la rigueur, des changements plus ou moins brusques ne seraient pas de nature à ébranler radicalement leur position sociale, mais de l'intérêt des petits propriétaires possédant des parcelles dans l'assec des étangs, et de simples ouvriers, chargés de famille, résidant dans le pays, et dont le travail, à certains moments donnés, est là toujours prêt, à la disposition des besoins de la culture.

D'abord il est clair que les propriétaires aisés eux-mêmes, s'ils possèdent plusieurs étangs, ne peuvent commencer le desséchement de tous en même temps, sans les chances les plus périlleuses pour l'opération comme pour leur fortune.

Mais, de plus, la classe intéressante des prolétaires, dont nous venons de parler, trouve dans la culture de quelques *pies* d'assec, dans le droit et l'usage du brouillage et du champéage, les moyens d'entretenir quelques têtes de gros bétail (*la vache du pauvre*), un peu de volaille et quelques porcs pour les besoins de leur famille, ce qui apporte dans leur régime quelques douceurs en même temps qu'un moyen d'utiliser le travail des femmes et des enfants, pendant que l'homme va *à sa journée*.

Il est hors de doute qu'un desséchement brusque des étangs apporterait dans la position de ces pauvres gens de graves perturbations ; car l'on ne peut pas dire qu'ils trouveraient immédiatement dans l'installation d'autres cultures de nouveaux moyens d'existence et de bien-être, en obtenant de nouvelles conditions de travail. Cela serait, s'il était possible d'installer sur le sol de la Dombes des cultures riches et intensives, mais nous avons surabondamment prouvé que, sur ce sol et à cause du défaut actuel d'engrais, il y avait nécessité presque absolue de passer par une période pastorale, c'est-à-dire par une voie qui, bien que créant l'élément du progrès à venir, n'admet et n'exige que peu à peu le développement de la population.

Si l'on opérait brusquement, la classe ouvrière dont nous venons de parler ne trouverait plus, ou au moins momentanément, les moyens d'existence qui lui étaient habituels, elle serait dans la nécessité d'abandonner le pays déjà si médiocrement peuplé. Ainsi se produirait pour la pauvre Dombes un *exode* bien plus désastreux et plus irréparable que celui de l'Irlande, car il n'est donné à personne de prévoir dans quel temps et comment la population travailleuse, une fois expulsée, pourrait y être rappelée.

Certes, jamais gouvernement n'a été ni plus puissant à réaliser le bien, ni plus disposé à le faire que celui de l'Empereur : la Dombes a foi dans ses intentions. Au gouvernement seront dus les encouragements, les conseils, les expériences, les études d'intérêt général, l'impulsion vigoureuse au progrès agricole par la propagation, la vulgarisation incessante des bonnes doctrines et des bonnes pratiques de l'agriculture.

Si la fièvre *intermittente*, que l'on retrouve du reste dans bien des contrées à sous-sol imperméable, pèse sur ce pays d'une manière très-fâcheuse, on doit admettre aussi que le cultivateur peut trouver en lui-même les moyens de la combattre.

La fréquence de la fièvre intermittente n'est pas un obstacle *absolu* au progrès agricole de la Dombes; et, si le progrès agricole est possible dans les circonstances où elle se trouve, ce que l'examen attentif des faits accomplis dans ces cinquante dernières années révèle d'une manière incontestée, il faut en conclure logiquement qu'il peut s'étendre encore et devenir successivement le moyen de restreindre, de plus en plus, l'action ou la fréquence de cette maladie, en augmentant l'aisance des populations rurales, en leur procurant une meilleure alimentation, en leur rendant le travail moins rude et en leur permettant l'emploi d'une hygiène plus appropriée au climat.

« La vie, a dit Bichat, est la résistance aux causes de mort. » L'homme est partout en lutte avec la nature : c'est sa loi. Chaque pays, chaque région lui présente des difficultés spéciales à vaincre, des obstacles à surmonter. En Dombes, sa difficulté, son obstacle, résident particulièrement dans la mauvaise nature du sol et l'inclémence du climat d'où surgissent des causes de débilitation contre lesquelles l'homme doit réagir par une meilleure hygiène, un régime fébrifuge et fortifiant. On a signalé déjà bien des fois l'insalubrité des habitations, les mauvais résultats des vêtements insuffisants, les dangers de l'usage avec excès de l'eau impure des puits, dans ce pays sans sources, et ceux d'une nourriture malsaine. Dans les mêmes lieux, des hommes vivant dans des conditions de travail identiques sont ou fiévreux ou bien portants par la seule différence des soins et du régime.

Que l'on nous permette de signaler ici et sommairement les points principaux sur lesquels l'attention doit être surtout appelée, comme mesures d'hygiène et de salubrité.

En ce qui concerne les propriétaires :

1° Disposer les habitations de manière à les rendre plus aérées et moins humides ;

2° Approfondissement des puits qui, en général, à cause de leur peu de profondeur, ne donnent le plus souvent, en été, que des eaux de mauvaise qualité ;

3° Emploi large et continu de la chaux, ce grand élément de fertilisation et d'assainissement ;

4° Introduction dans le matériel attaché à chaque exploitation importante ou à chaque groupe d'exploitations dépendant de la même propriété, de machines à battre locomobiles et à manége, qui économisent la peine et les fatigues de l'homme, et les régularisent, tout en contribuant à diminuer les frais de production.

3° Relations suivies et bienveillantes des propriétaires avec leurs fermiers ou leurs métayers [1].

En ce qui concerne les cultivateurs, fermiers ou métayers, ouvriers et chefs de famille, en général, résidant dans le pays :

1° Soins et précautions hygiéniques pour eux et leurs domestiques, tels que : emploi de la laine dans les vêtements, usage du vin consommé dans l'intérieur de la famille, alimentation [2] plus substantielle et usage du café [3] et des boissons acidulées au moment des grands travaux de l'été, etc.;

2° Attention rigoureuse à apporter plus de propreté dans les cours et aux abords des maisons d'habitation, à en écarter les

[1] Nous ne laisserons pas passer cette occasion, sans réfuter l'accusation qui a été parfois articulée contre des propriétaires de la Dombes, que l'on a représentés comme des hommes indifférents à l'état des cultivateurs, se préoccupant uniquement de recevoir leurs fermages, etc.

Il serait infiniment plus juste de reconnaître qu'il est peu de pays où, plus qu'en Dombes, les propriétaires se soient préoccupés de leurs domaines au point de vue des moyens à prendre pour favoriser le progrès agricole, améliorer le sort de la population rurale, et aient fait plus d'essais ou d'efforts, plus ou moins éclairés et plus ou moins heureux dans ce but.

[2] Pour faire ressortir ce qu'une bonne alimentation, combinée avec l'observation des lois de l'hygiène en général, peut contre la fièvre et les maladies, nous pouvons utilement citer ce qui se passe à la Saulsaie.

Il est fort rare d'y voir des cas de fièvre parmi les ouvriers nourris à l'établissement, tandis qu'il s'en rencontre assez souvent dans les familles d'ouvriers, qui, bien que résidantes sur le domaine, ne reçoivent pas leur nourriture à l'école.

Indépendamment de la bonne alimentation des ouvriers, on a la simple précaution de ne les laisser jamais sortir à jeun. Chacun d'eux dispose d'une limousine; de plus, quand ils ont reçu la pluie, des dispositions sont prises pour qu'ils puissent immédiatement changer de linge et se sécher autour du feu.

[3] Le bon effet de l'usage du café, à l'époque des travaux, s'apprécie chaque jour de plus en plus à la Saulsaie. Pendant les mois de juillet, août et partie de septembre, l'on distribue chaque jour à tout travailleur, journalier ou autre, homme ou femme, une ration de café d'un demi-litre revenant à cinq centimes. En outre, un tonneau d'eau acidulée (1 litre et demi de vinaigre pour 100 litres d'eau) renouvelé chaque jour, est mis à la disposition de tous dans une des dépendances de la ferme. — Le procédé est simple et produit les meilleurs effets.

eaux croupissantes et à donner plus de soins à la tenue du tas de fumier ;

3° Substitution de la faux à la faucille dans le travail des moissons. Chacun sait que l'emploi de la faux accélère le travail et soustrait en partie le travailleur à l'action nuisible et délétère de la chaleur excessive, concentrée dans le sol siliceux de la Dombes.

L'introduction de la faux et celle de la machine à battre seront pour ce pays des améliorations efficaces pour combattre la fièvre ou la langueur qui atteint souvent les travailleurs après l'époque des grands travaux de récolte. La généralisation de leur emploi, sans enlever une occasion de travail à l'ouvrier dombiste, sera pour lui, au contraire, en même temps qu'un moyen d'émancipation, un auxiliaire à l'aide duquel il suffira au travail et se substituera aux ouvriers étrangers qui, plus que lui, sont prédisposés à recevoir les fâcheuses influences du climat.

Nous ne poursuivrons pas plus loin l'énumération de ce que propriétaires, cultivateurs et ouvriers peuvent accomplir pour l'amélioration matérielle de la Dombes.

De tout ce qui précède, nous croyons pouvoir tirer les conclusions suivantes :

1° Le sol et le climat de la Dombes ne sont pas de nature, sans de longs et pénibles efforts, à permettre l'introduction des cultures riches et *intensives ;*

2° Les étangs y ont été établis naturellement et par la force des choses et des intérêts réciproques, sans aucune action violente de la puissance féodale ;

3° Ces étangs ne sont pas tous insalubres, ni insalubres au même degré ;

4° Leur dessèchement est devenu désirable ;

5° Il n'est possible, dans la plupart des circonstances, que par l'application d'un système de culture plus ou moins pastoral ;

6° Il ne peut et ne doit être ni brusque ni général. Car il est impossible que tous les propriétaires d'un pays qui ne comporte pas moins de 100,000 hectares puissent entreprendre, à la fois, la série très-longue des transformations dont nous avons parlé ; ce serait admettre que personne ne peut être arrêté ni par le capital (celui nécessaire pour toute la Dombes s'élève à 16 millions !), ni par le manque de connaissances speciales, ni par une foule de considérations de position ou de famille, qu'il est inutile d'énumérer ;

7° Il ne peut être imposé par aucune mesure coercitive, brusque et générale ;

8° Une mesure de ce genre engagerait gravement le droit de propriété, ainsi que le principe si important de la liberté des cultures :

9° Les grands propriétaires ne sont pas *les seuls intéressés* à ce qu'un desséchement général et rapide ne soit pas imposé, les petits propriétaires, cultivateurs et journaliers le sont *également et grandement.*

10° Enfin les primes, ou l'indemnité résultant de l'application du principe d'expropriation pour cause d'utilité publique auront, sans doute, une influence heureuse sur le desséchement ; mais le moyen le plus efficace consisterait à renverser le rapport qui existe actuellement entre la valeur des terres et celle des étangs, à donner aux premières une valeur supérieure aux derniers, faire en un mot que l'intérêt privé trouve un avantage *évident* à opérer la transformation. Nous croyons que le chemin de fer sollicité par le pays et le conseil général, serait seul capable de produire ce résultat ; il serait, comme le dit M. Hervé-Mangon, « *le plus puissant encouragement* à donner à la transformation de la Dombes, *le seul moyen* de la rendre possible dans un bref délai. ».

NOTE ANNEXE

SUR LA

TRANSFORMATION D'UNE PARTIE DES ÉTANGS

EN RÉSERVOIRS CULTIVÉS

En traitant la question agricole de la Dombes, nous avons cru devoir nous placer dans l'hypothèse la plus simple, celle d'un desséchement lent, mais complet. Il ne faut cependant pas se dissimuler les objections sérieuses que l'on peut faire à une mesure aussi radicale, soit au point de vue du climat dont les extrêmes de chaleur et de froid se trouveraient augmentés; soit au point de vue de la culture, qui perdrait les seules ressources en eau qu'elle possède, dans un pays où il n'existe point de sources et où les puits eux-mêmes sont alimentés par les filtrations des étangs; soit enfin au point de vue des vallées inférieures déjà inondées, malgré la présence des étangs qui retiennent une partie des eaux et ralentissent le cours des autres.

A une époque où une auguste initiative garantit la sollicitude du gouvernement en faveur de tous les projets qui ont pour but de retenir les eaux à leur source, au moyen de réservoirs, on ne saurait admettre que la question du desséchement en Dombes, soit séparée de la question, non moins importante, de l'aménagement des eaux. Ce pays, plus que bien d'autres, a besoin d'irrigations; plus que bien d'autres aussi, tant à cause de l'abondance et de la mauvaise répartition des eaux pluviales, que de la faible quantité de ces eaux que le sol peut absorber, il est exposé aux inondations. Les réservoirs sont donc ici une nécessité multiple, impérieuse, dont tous les bons esprits et le conseil général surtout, se préoccupent à juste titre.

Depuis longtemps déjà, nous nous demandions s'il ne serait pas possible de faire servir dans ce but quelques-uns des étangs existant actuellement, au lieu d'en élever à grands frais dans des positions peut-être mieux choisies, lorsque nous avons eu connaissance d'un travail publié en 1850 sur la conservation et l'assainissement des étangs [1].

Partant de ce fait très-juste, incontestable et incontesté, que le véritable marais dans l'étang, c'est la zone qui est tantôt couverte d'eau et tantôt découverte, l'auteur conclut que la salubrité serait acquise, si l'on séparait cette zone de l'étang par une digue de ceinture. Outre l'avantage qu'il possède d'être efficace contre l'insalubrité, puisqu'il en supprime les causes, ce système est on ne peut plus pratique sous tous les rapports et particulièrement sous le rapport du prix de revient, dont nous allons nous occuper tout d'abord.

« La digue de ceinture, dit M. de Saint-Venant, aura 1 mètre de largeur en couronne, une hauteur de 30 centimètres au-dessus de la tenue d'eau, un talus extérieur de 1 1/2 sur 1; en sorte que son épaisseur est de $2^{m}05$ au niveau du déversoir et de $3^{m}85$ au niveau des basses eaux. Nous choisissons son emplacement de manière à pouvoir la construire tout juste en y employant : 1° la terre à enlever dans son enceinte pour descendre le fond de l'étang à 20 centimètres au moins au-dessous des basses eaux; 2° la terre du contre-fossé extérieur [2]; 3° enfin la partie de la terre du fossé central que l'on jugera devoir y transporter. » Pour un étang de 10 hec-

[1] M. de Saint-Venant, ancien professeur de génie rural à l'institut de Versailles, ingénieur en chefs des ponts et chaussées.

[2] Ce contre-fossé, placé au pied extérieur de la digue, est destiné à recevoir et à porter en aval de la chaussée, les eaux de filtration ainsi que celles qui arrivaient auparavant dans l'étang par les côtés. M. de Saint-Venant lui donne une pente de 1 millimètre par mètre.

tares, M. de Saint-Venant estime de la manière suivante le prix de revient de la digue de ceinture :

« La hauteur moyenne de la digue étant environ de 75 centimètres, elle cube par mètre courant à peu près $1^{m}84$, sauf les deux parties rectilignes d'amont, cubant moyennement à peu près les 2/5, ou $1^{m}20$. Son cube total est donc :

$$2(463 \times 1,84 + 10 \times 1,20) = 1844 \text{ mètres.}$$

Dont 1/3 à 0 fr. 29 c. pour fouille, jet et pilonnage,
1/3 0 fr. 32 c. — et roulage,
1/3 0 fr. 37 c. — et roulage plus loin.

Ce qui fait 1,844 mètres au prix moyen de 33 centimes.	608 fr. 52 c.
Dressement des talus, 2,100 mètres à 2 centimes	42 »
Rigoles sur le déblai plat, environ.	40 »
Dégazonnage sur l'emplacement de la digue.	40 »
Total	730 fr. 52 c.»

C'est donc un prix de revient de 75 fr. par hectare.

Nous n'admettons pas ce chiffre sans réserve, nous croyons même qu'il devra être porté à 100 fr., si l'on applique cette méthode à des étangs n'ayant pas plus de 10 hectares. Mais si, au lieu de prendre cette moyenne, nous prenons celle de 20 hectares, par exemple, et nous y arriverons en excluant de ce système tous les petits étangs, on aura seulement, en suivant les calculs de M. de Saint-Venant, une digue cubant 2,606 mètres, revenant, pour les 20 hectares, au prix de 1,033 fr., et par hectare 51 fr. en chiffres ronds. Pour de semblables étangs le chiffre de M. de Saint-Venant (75 fr. par h.) pourra parfaitement être admis.

Nous croyons ce système digne de la plus sérieuse attention au double point de vue de la salubrité et de l'emploi des eaux, soit pour les irrigations, soit pour la culture du poisson.

Il ne serait pas impossible de faire servir un étang disposé ainsi, alternativement ou simultanément, pour la culture ou les irrigations. On pourrait tous les ans, après la dernière irrigation, labourer les étangs-réservoirs et les semer en sarrasin, plante qui réussit assez bien en Dombes, ou bien encore, renoncer à l'irrigation tous les trois ans, comme on renonce à la culture du poisson, et cultiver le réservoir en blé ou en avoine. Dans ce cas, la meilleure combinaison consisterait à assoler trois étangs, de manière à en avoir toujours 2 en eau, et le troisième en culture.

Point de doute que les irrigations d'été ne soient utiles en Dombes; mais les faits manquent pour préciser le degré de confiance que l'on peut y avoir. Je crois cependant qu'il est très-probable que l'on doublerait, par ce moyen, le produit d'un pré, en doublant également le fumier.

D'un autre côté, il serait possible d'irriguer avec un hectare de réservoir, environ 2 hectares de prés, de manière que les

14,000 hectares d'étangs pourraient être ainsi répartis :

7,700 hectares en prés irrigués;

5,000 hectares en réservoirs;

1,300 hectares isolés de l'étang et conquis à la culture par la digue de ceinture.

Total. 14,000 hectares.

Un semblable emploi des étangs ne serait pas moins utile à la Dombes qu'aux vallées par lesquelles elle écoule ses eaux. Le système de réservoir aurait comme résultat le plus immédiat celui de répartir les eaux, de régulariser par conséquent la marche des usines et de rendre les inondations impossibles ou tout au moins très-rares.

Dans tous les cas, autant nous sommes partisans du dessèchement des étangs, en principe, autant nous croirions désastreuse une mesure qui ne ferait aucune exception.

L'eau est un élément naturel trop précieux pour qu'il n'importe pas de l'aménager, surtout dans un pays aussi sec que la Dombes. Il y va d'ailleurs de l'existence des vallées, car l'imagination est effrayée, lorsqu'on calcule la quantité d'eau qui peut s'écouler à un moment donné par la Sereine, par exemple, dans l'hypothèse d'un dessèchement général de tous les étangs qui sont compris dans le bassin qui l'alimente.

Au moment où il est question de projets gigantesques pour éviter, au moyen de grands réservoirs, les inondations de nos grandes rivières, on ne saurait admettre que l'on n'utilisât pas dans le même but, les réservoirs naturels ou ceux construits à grands frais, qui existent déjà sur le plateau de la Dombes; on le comprendrait d'autant moins, que les réservoirs de la Dombes seraient utiles à la culture de ce pays autant qu'à ceux vers lesquels ses eaux s'écoulent en les inondant. Nous soumettons ces considérations aux hommes sérieux du pays. Nous le faisons d'autant plus volontiers, que l'application d'un pareil système ne saurait avoir aucune conséquence fâcheuse et aura toujours pour résultat la salubrité des étangs sur lesquels il aura été employé.

PARIS — IMP. SIMON RAÇON ET COMP., RUE D'ERFURTH, 1.

PARIS. — IMP. SIMON RAÇON ET COMP., RUE D'ERFURTH, 1.

www.ingramcontent.com/pod-product-compliance
Lightning Source LLC
LaVergne TN
LVHW020036170826
845678LV00001B/286

* 9 7 8 2 3 2 9 6 9 5 1 5 0 *